Emuobosan Umolo
Herbert Stanley
Omega Immanuel

Micoremediação de lamas de perfuração usadas

Emuobosan Umolo
Herbert Stanley
Omega Immanuel

Micoremediação de lamas de perfuração usadas

ScienciaScripts

Imprint

Any brand names and product names mentioned in this book are subject to trademark, brand or patent protection and are trademarks or registered trademarks of their respective holders. The use of brand names, product names, common names, trade names, product descriptions etc. even without a particular marking in this work is in no way to be construed to mean that such names may be regarded as unrestricted in respect of trademark and brand protection legislation and could thus be used by anyone.

Cover image: www.ingimage.com

This book is a translation from the original published under ISBN 978-620-2-07386-8.

Publisher:
Sciencia Scripts
is a trademark of
Dodo Books Indian Ocean Ltd. and OmniScriptum S.R.L publishing group

120 High Road, East Finchley, London, N2 9ED, United Kingdom
Str. Armeneasca 28/1, office 1, Chisinau MD-2012, Republic of Moldova, Europe
Printed at: see last page
ISBN: 978-620-7-85995-5

DEDICAÇÃO

Este trabalho é dedicado a Deus.

ÍNDICE DE CONTEÚDOS

CAPÍTULO 1

1.0. INTRODUÇÃO

1.1. Antecedentes do estudo

A Nigéria é um país bem dotado de diferentes recursos minerais e naturais, entre os quais o petróleo, um produto que desempenha um papel fundamental na economia nacional e no desenvolvimento sustentável. Nas últimas décadas, as actividades de exploração e produção de petróleo trouxeram um boom económico nacional, mas não sem dores de cabeça. As actividades de exploração e produção de petróleo estão fortemente associadas a operações de perfuração para extração de petróleo, durante as quais são gerados resíduos potencialmente nocivos, que muitas vezes exigem um tratamento e eliminação conscienciosos. Estes resíduos são geralmente designados por resíduos de exploração e produção (E&P). (Bashat, 2003). Assim, os resíduos de E&P podem ser definidos como substâncias indesejadas produzidas a partir da exploração offshore e/ou onshore, da produção e de outras actividades relacionadas, para as quais não existe procura ou valor económico e que devem ser eliminadas ou descartadas. Incluem os fluidos de perfuração/lama; as aparas de perfuração; a água produzida; a areia produzida; a água de deslocação do armazenamento; a drenagem do convés; a água de porão; os fluidos de tratamento de poços, de work-over e de completação; a água de testes hidrostáticos; e os resíduos associados. Estes resíduos estão normalmente contaminados com petróleo, hidrocarbonetos, compostos químicos complexos e metais de toxicidade variável. A gestão dos resíduos de E&P é necessária em todas as operações de petróleo e gás a montante, desde os levantamentos sísmicos, a perfuração, o desenvolvimento do campo e a produção até ao desmantelamento. O desenvolvimento sustentável dos recursos de petróleo e gás exige, portanto, a gestão adequada dos resíduos gerados durante as actividades offshore, uma vez que uma gestão inadequada pode resultar em poluição, danos ambientais e potenciais responsabilidades financeiras. Por conseguinte, é necessário um bom sistema de gestão de resíduos para garantir que esses resíduos sejam corretamente geridos, a fim de minimizar o seu potencial de causar danos ao ambiente. Um aspeto importante do impacto ambiental das operações de perfuração offshore é a descarga de fluidos de perfuração à base de petróleo. Para além dos recentes problemas socioeconómicos, como a militância e os raptos, ocasionados pela negligência das suas responsabilidades sociais empresariais, o tratamento destes fluidos de perfuração à base de petróleo tornou-se um dos principais problemas enfrentados pelas empresas multinacionais produtoras de petróleo bruto que operam em países em desenvolvimento como a Nigéria. Isto deve-se ao facto de o método de tratamento oficialmente recomendado (DPR, 2002), a incineração, ser proibitivamente caro (Shkidchenko *et al.*, 2004) e expor o pessoal e o equipamento às poeiras fugitivas resultantes. Por conseguinte, é importante adotar uma técnica de tratamento mais barata e muito mais ecológica para este tipo de resíduos petrolíferos.

Os fluidos de perfuração, também designados por lamas de perfuração, são utilizados para melhorar as actividades de perfuração através da suspensão de detritos, do controlo da pressão, da estabilização de rochas expostas, do fornecimento de flutuabilidade, do arrefecimento e da lubrificação. Os fluidos de perfuração são suspensões estáveis e contêm numerosos componentes, tais como minerais, óleos, compostos orgânicos, viscosificantes, como argilas, polímeros, celulose, goma xantana e guar, agentes de ponderação, como baritina, carbonato, redutores de filtrado, como amido, carboximetilcelulose, resinas e argilas, inibidores de inchamento, como KC1, e glicol. (Coussot *et al.*, 2004).

Nos últimos tempos, várias literaturas têm demonstrado que a bioremediação tem um elevado potencial para restaurar meios poluídos com um impacto negativo mínimo no ambiente a um custo relativamente baixo. A bioremediação, cuja base pode remontar ao trabalho de Atlas e Bartha (1972), consiste na utilização de microrganismos (bactérias e fungos) para acelerar a decomposição natural de resíduos contaminados com hidrocarbonetos em resíduos não tóxicos. Esta tecnologia tem sido utilizada no bio-tratamento de resíduos de exploração e produção (E&P) (McMillen *et al.*, 2004). No entanto, observou-se que a bioremediação intrínseca é um processo muito lento, que pode levar anos a produzir os resultados desejados (Wills, 2000). Para remediar esta situação, tendo em conta os custos globais e o tempo de funcionamento, numerosos investigadores demonstraram uma elevada eficiência de bioremediação de solos poluídos por hidrocarbonetos, adoptando várias estratégias para ajudar a bioremediação (Antai, 1990; Amadi *et al*, 1993; Onwurah, 1996; Odokuma e Dickson, 2003; Obire e Akinde, 2004; Ebuehi *et al.*, 2005; Adenipekun e Fasidi, 2005; Okolo *et al.*, 2005; Ayotamuno *et al.*, 2006; Abu e Atu, 2007; Adoki e Orugbani, 2007). Uma das estratégias de bioremediação é a micoremediação, que consiste na utilização de fungos para degradar os poluentes do ambiente.

1.2. Enunciado dos problemas

A descarga de lamas de perfuração à base de petróleo, bem como a libertação de petróleo bruto e de produtos petrolíferos no ambiente humano resultaram em muitos problemas que são motivo de grande preocupação a nível mundial (Atlas, 1981; Nwachukwu, 2000b; Nweke e Okpokwasili, 2003). A eliminação indiscriminada de lamas de perfuração à base de petróleo usadas durante e após as actividades de perfuração resulta frequentemente na poluição do ambiente, constituindo uma ameaça para a biota dos ecossistemas aquáticos e terrestres. Devido à composição química da lama de perfuração à base de petróleo e a outras impurezas no decurso da perfuração, podem ser introduzidos no ambiente substâncias tóxicas, perigosas e alguns suspeitos de serem cancerígenos, como metais pesados e hidrocarbonetos aromáticos policíclicos, causando assim efeitos adversos no ecossistema e constituindo um risco para a saúde pública.

Além disso, devido à natureza complexa dos resíduos de perfuração, o tratamento destes resíduos, especialmente das lamas à base de petróleo, é uma tarefa difícil. A técnica mais popular adoptada para o tratamento de lamas à base de petróleo, a dessorção térmica (DPR, 2002), tem as suas preocupações ambientais associadas. Por exemplo, as tecnologias de tratamento térmico estão associadas a implicações dispendiosas em termos de capital e de custos operacionais, a consequências ambientais ameaçadoras, para além de elevados riscos profissionais e da geração de um fluxo de resíduos secundário que tem de ser tratado a um custo adicional elevado antes da eliminação final. Por conseguinte, é necessário procurar técnicas alternativas que respondam às necessidades do sector do petróleo e do gás na gestão dos resíduos de perfuração, especialmente das lamas à base de petróleo, e que cumpram as normas regulamentares do país.

O objetivo desta investigação é maximizar o potencial de biodegradação de fungos de podridão branca (cogumelos), espécies *Pleurotus*, em solo contaminado com lama de perfuração à base de óleo usado, comparando tanto individualmente como em consórcio e, finalmente, ver o efeito que o solo remediado tem no crescimento da planta de milho *(Zea mays var. indentata)*.

1.3. Objectivos do estudo

a. Comparar a capacidade biodegradativa do fungo individual e do consórcio de ambos na degradação de contaminantes de hidrocarbonetos e metais pesados.

b. Acompanhar a evolução da degradação

c. Determinar o efeito das amostras tratadas no crescimento das plantas.

1.4 Hipótese de investigação

Esta investigação tem por objetivo estabelecer uma relação entre os parâmetros do solo contaminado sob diferentes tratamentos com fungos e o controlo. Para ajudar a atingir os objectivos deste estudo e chegar a uma conclusão adequada, foram utilizadas as seguintes hipóteses;

H_o : não há diferença significativa entre os parâmetros medidos no solo contaminado quando tratado com fungos e quando deixado a sofrer degradação natural (controlo)

Hi; existe uma diferença significativa entre os parâmetros medidos no solo contaminado quando tratado com fungos e quando deixado a sofrer degradação natural (controlo)

1.5. Importância do estudo

O significado do estudo é introduzir o cogumelo como um componente chave para a gestão integrada de resíduos e promovê-lo como uma solução ecológica e sustentável para a gestão de resíduos. Além disso, para evitar a instabilidade no que respeita à redução do rendimento das culturas devido à contaminação do solo. Este estudo é também benéfico para a fixação do ecossistema do ambiente poluído e diminuirá a percentagem de seres humanos e animais afectados pela exposição a estes poluentes.

A ft pode também contribuir para a eventual contaminação de terrenos agrícolas, através da reabilitação do solo contaminado e da sua recuperação para um estado habitável.

A ft servirá de ajuda para os futuros investigadores, pois orientá-los-á para estudos mais complicados para melhorar os resultados, e também reforçará a sua capacidade de inovação e desenvoltura para formularem novas ideias em termos de remediação biológica e para atingirem os seus próprios objectivos.

CAPÍTULO 2

2. 0REVISÃO DA LITERATURA

2.1Resíduos de perfuração

P s actividades de exploração e produção de petróleo estão fortemente associadas a operações de perfuração, durante as quais são gerados resíduos de lamas de perfuração potencialmente nocivos, que exigem frequentemente um manuseamento e uma eliminação conscienciosos (Bashat, 2003). Estes resíduos estão normalmente contaminados com petróleo, hidrocarbonetos, compostos químicos complexos e metais de toxicidade variável. Os resíduos de perfuração de poços de petróleo compreendem as aparas de perfuração e os fluidos de perfuração (Ferrari *et al.*, 2000).

2.1.1 Fragmentos de perfuração

Refere-se a qualquer material removido de um furo durante a perfuração de poços de petróleo. A areia e o xisto constituem a maioria das aparas encontradas durante a perfuração de um poço. Estas aparas são normalmente revestidas com o fluido de perfuração. São partículas de rocha triturada produzidas pela ação de trituração da broca à medida que esta penetra na terra. (Neff *et al.*, 1987).

2.1.2 Fluidos de perfuração (ou lamas)

Os fluidos de perfuração ou lamas são misturas químicas utilizadas na perfuração rotativa para a extração de petróleo e gás da crosta terrestre (Okpokwasili e Nnubia, 1995). Essencialmente, uma lama de perfuração é uma suspensão de sólidos (por exemplo, argilas, barita, pequenas aparas, etc.) em líquidos (ou seja, água ou óleo) ou em emulsões líquidas, com aditivos químicos necessários para modificar as suas propriedades (Ifeadi *et al.*, 1985). Os aditivos químicos incluem bactericidas, agentes activos de superfície, dispersantes e viscosificantes.

2.1.3 Tipos de fluidos de perfuração

Existem basicamente duas categorias de fluidos de perfuração, nomeadamente; lamas aquosas ou à base de água (WBMs) e fluidos de perfuração não aquosos (NADFs). (Neff *et al.*, 2000; OGP, 2003).

Fluidos à base de água: esta é de longe a lama mais utilizada, tanto em terra como no mar. São amplamente utilizados em poços pouco profundos e, frequentemente, nas partes menos profundas de poços mais profundos, mas não são tão eficazes em poços mais profundos. Utilizam água (doce ou salgada) como fluido de base e não contêm qualquer óleo. Contêm um agente de ponderação, geralmente barita (BaSO4), argila ou polímeros orgânicos e vários sais inorgânicos, sólidos inertes e aditivos orgânicos para modificar as propriedades físicas da lama de modo a que funcione de forma óptima. As lamas à base de água são económicas, biodegradáveis e de baixa toxicidade (Mcmordie, 1980). Em muitos países, as lamas aquosas e os detritos são descarregados no local. As balas de oxigénio têm uma longa história de utilização e a maioria das perfurações de exploração offshore em todo o mundo utiliza balas de oxigénio (Neff, 2005; Melton *et al.*, 2004). Embora inicialmente populares devido ao seu baixo custo, a composição das WBFs limita as possibilidades de perfuração em condições difíceis.

Fluidos de perfuração não aquosos (NADF): incluem todos os fluidos de base não dispersíveis em água, como as lamas de base petrolífera (OBM) e as lamas de base sintética (SBM).

As lamas de perfuração à base de óleo são utilizadas para melhorar a perfuração em formações difíceis. A lama de base para OBM é tipicamente gasóleo ou óleo mineral, porque estes óleos contêm frequentemente materiais tóxicos, como hidrocarbonetos aromáticos polinucleares (PAH). É proibida a descarga de OBM ou de aparas humedecidas com OBM. De acordo com Khondaker (2000), uma avaliação comparativa das lamas à base de óleo e das lamas à base de água mostra que as OBM oferecem vantagens sobre as WBM pelas seguintes razões

a. Reduzem ou eliminam certos problemas de perfuração

b. Reduzir o risco de dificuldades previstas ou imprevistas, particularmente em formações altamente complexas do ponto de vista estrutural e sensíveis à água

c. São rápidos e económicos em situações de problemas de estabilidade de furos

d. As bactérias não se desenvolvem durante muito tempo nos OBMs

e. Existe a possibilidade de utilizar os OBM repetidamente e podem ser armazenados durante longos períodos de tempo, uma vez que o crescimento bacteriano é suprimido.

f. Os OBMs são mais adequados para perfurar xistos sensíveis, permitindo que a perfuração seja mais rápida do que a dos WBMs, proporcionando uma excelente estabilidade do xisto.

Por conseguinte, é óbvio que, embora as WBM sejam mais benéficas para o ambiente, só são satisfatórias para a perfuração menos exigente de poços verticais convencionais a média profundidade, ao passo que as OBM são mais adequadas para profundidades maiores ou para perfurações direccionais ou horizontais, que exercem maior pressão sobre os aparelhos de perfuração. Consequentemente, os OBM são mais frequentemente utilizados na indústria petrolífera para fins de perfuração. A composição dos OBM inclui um fluido de base petrolífera, um agente de ponderação e outros aditivos químicos.

Infelizmente, as OBM convencionais, incluindo o gasóleo e os óleos minerais, têm contaminantes inerentes, como os hidrocarbonetos aromáticos policíclicos (HAP), que são considerados os principais responsáveis pelos seus impactos ambientais. Para ultrapassar as preocupações ambientais dos OBMs, foi desenvolvida na década de 1990 uma nova classe de lamas de perfuração, as lamas de perfuração de base sintética (SBMs).

Lamas de perfuração de base sintética (SBMs): são uma classe cada vez mais popular de lamas de perfuração que têm sido utilizadas desde há uma década pela indústria de exploração e produção de petróleo. Apresentam várias vantagens em relação às lamas de perfuração convencionais à base de gasóleo e de petróleo, sendo as mais importantes o facto de serem preparadas sinteticamente, estarem bem caracterizadas, apresentarem um menor potencial de toxicidade e de bioacumulação, terem uma elevada dispersão e uma biodegradação mais rápida e estarem isentas de contaminação inerente de HAP. Por conseguinte, considera-se geralmente que as SBM têm um perfil de toxicidade entre as WBM e as OBM. (Wills, 2000; Burke e Veil, 1995).

2.2 Composição da lama de perfuração

Os principais componentes de todos os sistemas de lamas de perfuração são semelhantes. Todos os sistemas de lamas actuais contêm emulsionantes, agentes molhantes, diluentes, agentes de ponderação, agentes gelificantes, salmoura e pequenas quantidades de outras substâncias e produtos químicos suspensos em água (i.e. WBM) ou produtos petrolíferos refinados (i.e. OBM) ou fluidos de base sintética (Melton *et al*, 2004). Apresenta-se de seguida uma breve descrição dos ingredientes dos OBM habitualmente utilizados e das suas funções:

i. **Água ou salmoura salina:** a água, geralmente sob a forma de salmoura de $CaCl_2$, é dispersa no óleo para formar uma mistura de fases água-orgânica denominada emulsão invertida, que promove a desidratação dos xistos na formação que está a ser perfurada (CSA, 2004).

ii. **Agente de ponderação: A** barite (sulfato de bário; $BaSO_4$), o carbonato de cálcio ($CaCO_3$) e, ocasionalmente, a hematite (óxido de ferro; Fe_2O_3) são utilizados como agentes de ponderação. Os agentes de ponderação ajudam a aumentar a densidade da lama, equilibrando a pressão da formação e evitando um blowout (Boehm *et al.*, 2001). As impurezas minerais na barita incluem sílica, óxido de ferro, calcário e dolomite, bem como vários metais, principalmente sob a forma de sulfuretos metálicos mineralizados. Os metais de preocupação ambiental (devido à sua toxicidade) que podem estar presentes em algumas baritas de lamas de perfuração em concentrações mais de 10 vezes superiores às suas concentrações em sedimentos marinhos limpos incluem o cádmio, o crómio, o cobre, o mercúrio, o chumbo e o zinco. Estes metais estão presentes na barita principalmente como sais de sulfureto mineralizados insolúveis (Trefry e Smith, 2003). Estes sulfuretos metálicos sólidos têm uma mobilidade ambiental limitada e baixa toxicidade para as plantas e animais (Neff, 2002a, 2002b). A maioria das baritas também contém altas concentrações de alumínio, ferro e silício, associadas principalmente a impurezas minerais nas baritas.

iii.**Viscosificadores:** Os viscosificadores são maioritariamente constituídos por argilas organofílicas, bentonites, lenhite, celulose carboxílica e outros polímeros (Neff, 2005). Os viscosificadores são utilizados como aditivos para lamas e desempenham o papel de aumentar a viscosidade do sistema de lamas, suspendendo as aparas e o agente de ponderação na lama (produção de gel coloidal) e actuando como um auxiliar de perfuração através da formação de uma torta de filtro impermeável (controlo da perda de fluido) no furo. As argilas viscosificantes são consideradas não tóxicas, mas podem conter concentrações elevadas de metais fortemente ligados à matriz argilosa.

iv. **Emulsionantes e agentes molhantes: Os emulsionantes** e os agentes molhantes (detergentes e/ou tensioactivos) são compostos por detergentes aniónicos, catiónicos ou não iónicos, sabões metálicos, poliaminas e óleos altos ou ácidos gordos (Boehm, 2001), que facilitam a formação de uma dispersão estável de líquidos insolúveis em água (emulsão invertida). Os agentes molhantes são utilizados para assegurar que os sólidos na lama são molhados com óleo. São frequentemente objeto de preocupações ambientais devido à sua potencial toxicidade (Rye *et al.,* 1998).

v. **Fluidos/óleos de base:** Os fluidos de base (BFs) representam o principal ingrediente dos sistemas de lamas de perfuração não aquosas. Actuam como fase contínua em OBMs e SBMs. Os fluidos de base petrolífera (OBFs), como o gasóleo e os óleos minerais, foram substituídos por fluidos de base sintética (SBFs) devido aos riscos ambientais nocivos dos OBMs.

vi. **Materiais de controlo do xisto:** Controlam a hidratação dos xistos que provoca o inchaço e a dispersão do xisto, colapsando a parede do poço.

vii. **Bactericidas:** Impedem a biodegradação de aditivos orgânicos, a ft contém químicos como o glutaraldeído e outros aldeídos.

viii. **Emulsionantes e tensioactivos:** Facilitam a formação de uma dispersão estável de líquidos insolúveis na fase aquosa da lama. A ft é composta por detergentes aniónicos, catiónicos ou não iónicos, sabões, ácidos orgânicos e detergentes à base de água.

ix. **Aditivos de controlo da alcalinidade e do pH:** Optimizam o pH e a alcalinidade da lama, controlando as propriedades da lama. Contém produtos químicos como cal (CaO), soda cáustica (NaOH), carbonato de sódio (Na_2CO_3), bicarbonato de sódio ($NaHCO_3$) e outros ácidos e bases.

x. **Inibidores de corrosão:** Evitam a corrosão da coluna de perfuração por ácidos de formação e gases ácidos. Contém aminas, fosfatos e misturas especiais.

2.3. Efeitos na saúde e no ambiente associados aos resíduos de perfuração

Os efeitos para a saúde associados aos resíduos de perfuração são rastreáveis aos componentes básicos, como o fluido de perfuração, os aditivos e os metais

2.3.1. Efeitos para a saúde associados aos fluidos de perfuração

Os efeitos para a saúde dos fluidos de perfuração mais frequentemente observados nos seres humanos são a irritação da pele e a dermatite de contacto. Os efeitos menos frequentemente registados são dores de cabeça, náuseas, irritação ocular e tosse (Eide, 1990). Estes efeitos para a saúde são atribuídos às propriedades físicas e químicas dos fluidos de perfuração, bem como às propriedades inerentes aos aditivos dos fluidos de perfuração, e dependem da via de exposição nos seres humanos. Estas vias incluem a dérmica, a inalação, a oral e algumas outras vias variadas.

Após a exposição dérmica aos fluidos de perfuração, os efeitos mais frequentemente relatados são a irritação da pele e a dermatite de contacto (Cauchi, 2004). Os hidrocarbonetos de petróleo (especificamente os aromáticos e as parafinas C_8-C_{14}) (Babu *el al.*, 2004) podem remover a gordura natural da pele, o que pode fazer com que a pele seque e rache. Estas condições permitem que os compostos penetrem na pele, o que pode provocar irritação e dermatite.

Os fluidos com elevado teor de aromáticos, especialmente o gasóleo, podem conter níveis significativos de hidrocarbonetos aromáticos polinucleares (HAP). O gasóleo pode ser genotóxico devido às elevadas proporções de PAH de anel 3-7 (DHGSA, 2009). Nos seres humanos, a irritação crónica pode provocar o espessamento de pequenas áreas da pele, acabando por formar crescimentos rugosos semelhantes a verrugas que podem tornar-se malignos. Outros sintomas observados em pessoas expostas a fluidos de perfuração são tosse e catarro (Greaves *et al.*, 1997). Um estudo de toxicologia por inalação mostrou que a exposição a concentrações elevadas de aerossóis de óleos minerais resultou principalmente numa acumulação relacionada com a concentração no pulmão de macrófagos alveolares carregados de gotículas de óleo (Dalbey *et al.*, 2003). Os efeitos para a saúde decorrentes da exposição crónica aos HAP podem incluir cataratas, lesões renais, lesões hepáticas e iterícia. O naftaleno, um PAH específico, pode provocar a degradação dos glóbulos vermelhos, se inalado ou ingerido em grandes quantidades.

Os mono-aromáticos, frequentemente designados por BTEX (benzeno, tolueno, etilbenzeno e xileno) são também hidrocarbonetos constituintes dos fluidos de perfuração, são muito voláteis e, por conseguinte, evaporam-se facilmente em climas quentes das regiões tropicais, resultando em concentrações mais elevadas na fase de vapor. Como resultado, existe a possibilidade de exposição humana por inalação, o que pode resultar em neurotoxicidade induzida por hidrocarbonetos, falta de coordenação, tonturas, etc.

2.3.2. Efeitos na saúde associados aos aditivos

Vários aditivos para fluidos de perfuração, que incluem estabilizadores de emulsão, ajustadores de pH, agentes molhantes, viscosificantes e agentes redutores de perda de fluido, podem ter propriedades irritantes, corrosivas ou sensibilizantes. Por exemplo, o cloreto de cálcio (cada) tem propriedades irritantes; os emulsionantes (como a poliamina) têm sido associados a propriedades sensibilizantes (Neff e Duxbury, 2005)

2.3.3. Efeitos para a saúde associados aos metais

Vários metais estão presentes na maioria dos OBM. Os metais que suscitam maior preocupação devido à sua potencial toxicidade e/ou abundância nos fluidos de perfuração incluem o arsénio, o bário, o crómio, o cádmio, o cobre, o ferro, o chumbo, o mercúrio, o níquel e o zinco (Neff *et al.,* 1987). Alguns dos metais são adicionados intencionalmente aos fluidos de perfuração sob a forma de sais metálicos ou compostos organo-metálicos. Goering *et al.* (1994) observaram que o cádmio é um dos elementos mais tóxicos com efeitos carcinogénicos registados nos seres humanos. O chumbo foi classificado como sendo potencialmente perigoso e tóxico para a maioria das formas de vida (USEPA, 1986a). O chumbo foi considerado responsável por um grande número de doenças nos seres humanos, tais como perturbações neurológicas crónicas, especialmente em fetos e crianças. Hess e Schmid, (2002) afirmaram que, embora se tenha verificado que o zinco tem uma baixa toxicidade para o homem, o consumo prolongado de grandes doses pode resultar em algumas complicações de saúde, como fadiga, tonturas e neuropenia.

2.3.4. Impactos ambientais dos resíduos de perfuração

Para além dos efeitos na saúde, os riscos ambientais associados aos resíduos de perfuração incluem a poluição do solo, da água e do ar (EPA, 2008):

i. Poluição dos solos: um dos métodos de eliminação de resíduos de perfuração é o método de aterro e é bem conhecido que a agricultura é o principal sistema de utilização dos solos na Nigéria, especialmente na região do Delta do Níger (PNUA, 2011). O mais significativo neste aspeto da poluição ambiental na Nigéria é, portanto, a poluição das terras agrícolas. As consequências incluem a alteração das propriedades físicas, biológicas e químicas do solo, a perda de fertilidade do solo e, nos casos em que há lixiviação de fluido de perfuração descartado com alto teor de cloreto, pode afetar o restabelecimento da vegetação, o que pode levar ao crescimento atrofiado das plantas e à redução da produtividade das culturas. Isto pode levar à redução da segurança alimentar e ao comprometimento da segurança alimentar. Além disso, a lixiviação destes resíduos de perfuração pode poluir os sistemas de águas superficiais e subterrâneas.

ii. Poluição da água: verificou-se anteriormente que a biodisponibilidade dos metais pesados na barita é baixa (Neff, 2005). Hannam *et al.* (2009) demonstraram que a exposição durante 14 semanas a 4 mg/1 de fluido de perfuração em suspensão conduziu à acumulação de metais e a danos fisiológicos nas vieiras. As funções biológicas estavam normais após quatro semanas em água limpa, mas persistia um teor elevado de metais.

iii. Poluição atmosférica: as substâncias orgânicas voláteis, como o benzeno, o tolueno, o etilbenzeno e o xileno, podem apresentar concentrações elevadas no ar, conduzindo à poluição atmosférica e aos consequentes impactos adversos no ambiente e na saúde.

Os processos de perfuração de poços de petróleo geram grandes volumes de aparas de perfuração e lama usada no país. Por conseguinte, os resíduos de perfuração contribuem para os resíduos perigosos de petróleo libertados no ambiente da região do Delta do Níger (PNUA, 2011) e a gestão dos resíduos de perfuração é bastante complexa. É necessária uma técnica amiga do ambiente para a gestão dos resíduos de perfuração em todas as operações offshore e onshore, desde os levantamentos sísmicos, as operações de perfuração, o desenvolvimento e a produção de campos até ao desmantelamento. As propriedades físicas e químicas dos resíduos de perfuração influenciam as suas características perigosas e a capacidade de impacto ambiental, que, por sua vez, dependem essencialmente: (i) da natureza do material afetado, (ii) da concentração do poluente/quantidade de resíduos após a libertação, (iii) da comunidade biótica recetora e (iv) da duração da exposição. A exposição que causa um efeito imediato é designada por exposição aguda, enquanto a exposição a longo prazo é designada por exposição crónica. Tanto a exposição aguda como a crónica têm impactos negativos.

2.4 Opções actuais de tratamento de resíduos de perfuração

2.4.1 Tratamento térmico: A utilização de temperaturas elevadas para recuperar ou destruir materiais contaminados com hidrocarbonetos é típica das tecnologias térmicas. O tratamento térmico é utilizado principalmente no tratamento de compostos orgânicos; também reduz o volume e a mobilidade de compostos inorgânicos, como metais e sais. Poderá ser necessário um tratamento adicional para os metais e sais, dependendo do destino final dos resíduos. As tecnologias de tratamento térmico podem ser agrupadas em duas categorias: Dessorção térmica e incineração.

a. Dessorção térmica: é um processo de remediação ambiental que utiliza o calor para aumentar a volatilidade dos contaminantes através da utilização de uma série de equipamentos (dessorvedor e oxidante), de modo a que o hidrocarboneto e a água sejam separados (removidos) da matriz sólida. É normalmente efectuado entre a gama de temperaturas de 250 C-650^{oo} C. A estas temperaturas, tanto os hidrocarbonetos mais leves como os mais pesados são removidos e recolhidos ou oxidados termicamente por aquecimento adicional a uma temperatura superior a 850° C. O resíduo sólido resultante não tem essencialmente hidrocarbonetos residuais (tendo sido oxidado), mas retém sal e metais pesados, podendo ser eliminado num aterro sanitário ou por espalhamento no solo, ou pode ser utilizado na construção (de estradas e tijolos). Dependendo do processo utilizado, os hidrocarbonetos recuperados podem ser utilizados como combustível ou reutilizados como fluido de base no sistema de fluido de perfuração. As tecnologias de dessorção térmica incluem fornos rotativos indirectos, processadores de óleo quente, separação térmica de fases, destilação térmica, volatilização térmica por plasma e processadores térmicos modulares.

Vantagens

i. É possível recuperar o fluido de base e o produto final pode ser utilizado no fabrico de tijolos.

ii. Baixo potencial de responsabilidade futura

iii.Remoção eficaz e recuperação de hidrocarbonetos de sólidos.

Desvantagens

i. Custo elevado do tratamento de questões ambientais, uma vez que a dispersão do produto final deve ser efectuada abaixo da camada orgânica onde se pretende o crescimento da vegetação.

ii. É necessário um grande volume de resíduos para justificar o custo da operação.

iii.Requer um controlo rigoroso dos parâmetros do processo.

iv. As temperaturas de funcionamento elevadas podem provocar riscos de segurança.

v. Requer vários operadores.

vi. Os metais pesados e os sais estão concentrados nos sólidos processados.

vii. A água transformada contém alguns óleos emulsionados.

viii. Os resíduos de cinzas devem ser eliminados.

b. Incineração: A incineração envolve o aquecimento dos resíduos de perfuração a uma temperatura mais elevada, na gama de 1200 C-1500°° C, em contacto direto com gases de combustão e oxidando os hidrocarbonetos (Morillon et. al., 2002). São geradas fases sólidas/cinzas e de vapor. Os gases produzidos por esta operação podem passar por um oxidante, um purificador húmido e uma casa de sacos antes de serem libertados para a atmosfera. A estabilização dos materiais residuais pode ser necessária antes da eliminação para evitar que os constituintes sejam lixiviados para o ambiente. A incineração de resíduos de perfuração ocorre em fornos rotativos, que incineram qualquer resíduo, independentemente do seu tamanho e composição. Os sistemas de incineração são concebidos para destruir apenas os componentes orgânicos dos resíduos; no entanto, a maior parte dos resíduos de perfuração não são exclusivos no seu conteúdo e, por conseguinte, conterão tanto substâncias orgânicas combustíveis como inorgânicas não combustíveis. Ao destruir a fração orgânica e ao convertê-la em óxido de carbono e vapor de água, a incineração reduz o volume de resíduos. Os componentes inorgânicos dos resíduos enviados para um incinerador não podem ser destruídos, apenas oxidados. A maior parte dos materiais inorgânicos são classificados quimicamente como metais. Geralmente, estes metais sairão do processo de combustão como óxidos do metal que entra.

Vantagens

i. Baixo potencial de responsabilidade futura.

ii. Requer pouco tempo.

iii. O calor produzido pode ser utilizado para a produção de energia.

Desvantagens

i. Custo elevado por volume.

ii. Custo energético elevado.

iii. Exigir vários operadores.

iv. Requer equipamento de controlo da poluição atmosférica devido às suas preocupações de segurança.

v. O produto final tratado é estéril e já não pode suportar a vida vegetal e a destruição de todos os hidrocarbonetos.

vi. A temperaturas elevadas, os sais podem formar componentes ácidos.

vii. As emissões atmosféricas suscitam preocupações ambientais.

2.4.2 Injeção em poços profundos: Esta é uma técnica de eliminação de resíduos em que as aparas de perfuração e outros resíduos de campos petrolíferos são misturados numa pasta. O chorume resultante é depois injetado num poço de eliminação específico, onde fica contido nos poros de rochas subsuperficiais permeáveis, muito abaixo dos aquíferos de água doce. A principal desvantagem desta opção é a possibilidade de contaminação da água doce devido à falha do revestimento. A disponibilidade desta opção de eliminação está também limitada a determinados contextos geológicos. É preferível do ponto de vista ambiental quando as formações rochosas o permitem.

2.4.3 Enterramento no local: O enterramento é a colocação de resíduos em escavações artificiais ou naturais, tais como aterros sanitários. O enterramento é a técnica de eliminação em terra mais comum utilizada para a eliminação de resíduos de perfuração (lamas e detritos). Geralmente, os sólidos são enterrados no mesmo poço (o poço de reserva) utilizado para a recolha e armazenamento temporário de lamas e detritos após a evaporação do líquido. O enterramento em poço é um método de baixa tecnologia que não requer que os resíduos sejam transportados para fora do local do poço e, por isso, é muito atrativo para muitos operadores. O enterramento pode ser a técnica de eliminação mais mal compreendida ou mal aplicada. O enterramento no local pode não ser uma boa escolha para resíduos que contenham altas concentrações de óleo, sal, metais biologicamente disponíveis, produtos químicos industriais e outros materiais com componentes nocivos que poderiam migrar do poço e contaminar os recursos hídricos utilizáveis.

Nalgumas zonas de campos petrolíferos, são explorados grandes aterros para eliminar os resíduos de campos petrolíferos provenientes de vários poços. Os aterros seguros são estruturas terrestres especialmente concebidas que utilizam medidas de proteção contra a migração para fora do local dos resíduos químicos contidos através de lixiviação ou vaporização. O enterramento resulta normalmente em condições anaeróbias, o que limita qualquer degradação adicional quando comparado com resíduos que são cultivados ou espalhados no solo, onde predominam as condições aeróbias.

Vantagens

i. Tecnologia simples e de baixo custo para resíduos sólidos não contaminados

ii. Requisitos limitados de área de superfície

Desvantagens

i. Potencial de contaminação das águas subterrâneas se o enterramento não for feito correctamente ou se forem enterrados resíduos contaminados, e os custos de responsabilidade daí resultantes.

ii. Requisitos para QA/QC, estabilização e monitorização.

2.4.4 Métodos de bioremediação

A bioremediação é um processo que utiliza microrganismos naturais para transformar substâncias nocivas em compostos não tóxicos (Lal *et al.*, 1996). Na bioremediação, os sistemas biológicos são utilizados para transformar e/ou degradar compostos tóxicos ou torná-los inofensivos. A bioremediação pode envolver populações microbianas indígenas com ou sem suplementação de nutrientes, ou pode envolver a inoculação de organismos exógenos no local. Quando são adicionados organismos exógenos, o processo é designado por "bioaumentação" e quando são adicionados nutrientes, o processo é designado por "bioestimulação". Em qualquer dos casos, o objetivo é desarmar as substâncias químicas nocivas sem a formação de novas toxinas. A biorremediação, que envolve as capacidades dos microrganismos na remoção de poluentes, é a tecnologia de solução mais promissora, relativamente eficiente e rentável, económica, versátil e ambientalmente correcta (Margesin *et al.*, 2001). A bioremediação é considerada uma "tecnologia verde", uma vez que depende apenas de organismos e processos biológicos e não requer qualquer adição química ou tratamento térmico (Juwarkar *et al.*, 2010). Esta tecnologia tem sido utilizada no biotratamento de resíduos de exploração e produção (E&P) (McMillen *et al.*, 2004). Trata-se de um processo de tratamento em terra (e, por vezes, de eliminação) que é normalmente utilizado para resíduos de perfuração que não podem ser tratados em alto mar (sandu *et al.*, 2011). As tecnologias de bioremediação incluem as seguintes;

a. Agricultura no solo: A agricultura em terra ou aplicação em terra é a aplicação controlada e repetida de resíduos à superfície do solo, utilizando microrganismos no solo para biodegradar naturalmente os constituintes dos hidrocarbonetos, diluir e atenuar os metais e transformar e assimilar os constituintes dos resíduos. A biodegradação é estimulada aerobicamente pelo arejamento e/ou pela adição de nutrientes, minerais e água para promover o crescimento das espécies indígenas. (Evans e Furlong, 2003; Khan *et al.,* 2004). A taxa de aplicação depende das características do solo e da composição química do fluido de perfuração. Pode ser utilizado com segurança como meio de imobilização e biodegradação de muitos resíduos de campos petrolíferos. A capacidade de carga do solo deve ser conhecida e não deve ser excedida, a fim de manter o estado aeróbio no local. Vidali (2001) enumerou algumas vantagens e desvantagens deste método;

Vantagem

i. Os locais contaminados com petróleo são limpos.

ii. Procedimento simples

iii.É rentável

Desvantagens

i. Confina a poluição, mas pouco faz para a reduzir ou eliminar.

ii. Custo intensivo devido ao transporte e à limitação da disponibilidade de terrenos.

iii.A sabotagem ou negligência pode levar à contaminação das águas subterrâneas e à emissão de gases com efeito de estufa.

b. Tratamento no solo: No tratamento terrestre (também conhecido como espalhamento terrestre), os processos são semelhantes aos da agricultura terrestre, em que os processos naturais do solo são utilizados para biodegradar os constituintes orgânicos dos resíduos. Os resíduos de perfuração são espalhados no terreno e incorporados na zona superior do solo (tipicamente 6-8 polegadas superiores do solo) para aumentar a volatilização e a biodegradação dos hidrocarbonetos. No entanto, no tratamento em terra, é feita uma aplicação única dos resíduos numa parcela de terreno. O objetivo é eliminar os resíduos de uma forma que preserve as propriedades químicas, biológicas e físicas do subsolo, limitando a acumulação de contaminantes e protegendo a qualidade das águas superficiais e subterrâneas. A área de espalhamento no solo baseia-se numa taxa de carga calculada. O espalhamento por terra não se destina a resíduos resultantes da utilização de sistemas de lamas à base de hidrocarbonetos. Os métodos típicos de espalhamento no solo são: rasgar o subsolo e espalhar e incorporar os resíduos no local, ou espalhar (espremer) os resíduos no local, secar e incorporar.

Vantagens

i. Baixo custo de tratamento

ii. Possibilidade de a abordagem poder melhorar as características do solo

Desvantagens

i. Necessidade de grandes superfícies

ii. Processo de degradação relativamente lento (a taxa de biodegradação é controlada pelas propriedades de biodegradação inerentes aos constituintes dos resíduos, pela temperatura do solo, pelo teor de água do solo e pelo contacto entre os microrganismos e os resíduos).

iii. A elevada concentração de sais ou metais solúveis pode limitar a utilização do espalhamento no solo.

c. Compostagem: é um processo biológico controlado pelo qual os materiais orgânicos são convertidos por microorganismos em subprodutos inócuos e estabilizados (USEPA, 1998). O processo de compostagem reduz a matéria orgânica a dióxido de carbono, água, calor e húmus. É um processo de tratamento aeróbio e termofílico. Os solos são escavados e misturados com agentes de volume e emendas orgânicas, tais como aparas de madeira, resíduos animais e vegetais, etc., para aumentar a porosidade da mistura a ser decomposta. O processo de compostagem é iniciado por bactérias mesófilas, que são biologicamente activas a temperaturas entre 30° c e 45° c. O calor é produzido após a degradação da matéria orgânica e, consequentemente, a temperatura aumenta para 50° c a 60° c. Nesta gama de temperaturas, as bactérias termofílicas crescem facilmente (Thassitou *et. al.,* 2001). A máxima eficiência de degradação é conseguida através da manutenção e monitorização do arejamento, da temperatura e do teor de humidade. Este método converte os resíduos orgânicos sólidos em material estável, higiénico e semelhante ao húmus. Thassitou *et al.* (2001) enumerou algumas vantagens e desvantagens, que incluem;

Vantagens

i. Taxas de reação mais rápidas

ii. É rentável

iii. Auto-aquecimento

Desvantagens

i. Necessidade de agentes de volume

ii. Necessita de arejamento

iii. Adição de azoto frequentemente necessária

iv. Contaminação residual

v. Os períodos de incubação são de meses a anos

d. Vermicultura: A vermicultura é o processo de utilização de minhocas para decompor resíduos orgânicos num material capaz de fornecer os nutrientes necessários para ajudar a sustentar o crescimento das plantas. Durante vários anos, as minhocas foram utilizadas para converter resíduos orgânicos em fertilizante orgânico. Recentemente, o processo foi testado e considerado bem sucedido no tratamento de certos resíduos de perfuração de base sintética (Norman *et al.*, 2002). Investigadores da Nova Zelândia realizaram experiências que demonstraram que as minhocas podem facilitar a rápida degradação de fluidos de perfuração à base de hidrocarbonetos e, subsequentemente, processar os minerais presentes nas aparas de perfuração (Getliff *et. al.*, 2000). Dado que o estrume de minhoca tem importantes propriedades fertilizantes, o processo pode constituir um método alternativo de eliminação de resíduos de perfuração.

2.5. Biodegradabilidade dos fluidos de perfuração

A biodegradabilidade dos produtos petrolíferos depende da estrutura química dos seus vários componentes. A resistência dos compostos à biodegradação aumenta com o aumento do peso molecular. Os óleos utilizados na OBM podem ser classificados de acordo com a sua concentração de hidrocarbonetos aromáticos, que contribuem para a toxicidade dos fluidos. No entanto, as relações entre as propriedades físico-químicas dos hidrocarbonetos e a biodegradabilidade não foram objeto de um estudo aprofundado. Zhanpeng *et al.*, (2002), tratando de técnicas laboratoriais de determinação da biodegradabilidade e da influência das condições experimentais, mostraram a variação dos resultados em função do método utilizado e das condições consideradas. Em geral, os hidrocarbonetos de petróleo mais solúveis e mais leves são mais biodegradáveis do que os membros menos solúveis e mais pesados do grupo. A viscosidade também é conhecida por ter um impacto importante na biodegradabilidade. Os hidrocarbonetos altamente viscosos são menos biodegradados devido à dificuldade física inerente ao estabelecimento de contacto entre a contaminação e os microrganismos, nutrientes e compostos aceitadores de electrões (Cole, 1994). O gasóleo viscoso em quantidades elevadas (>10%) apresenta uma taxa de biodegradação baixa (4%), mas, na presença de culturas mistas *(Enterobacter sp., Citrobacter freundii, Pseudomonas erógenas, Staphylococcus auricularis, Bacillus thuringiensis, Micrococcus varians*, etc.), apresenta boas propriedades de biodegradação (Khodja, 2008).

Além disso, o comportamento de biodegradação do gasóleo não obedece ao dos compostos individuais. Com uma quantidade elevada de compostos aromáticos no gasóleo (33%), era muito difícil relacionar a biodegradabilidade do gasóleo com a sua composição. Numerosos trabalhos mostraram uma boa correlação entre a biodegradabilidade e alguns parâmetros físicos e químicos. Haus *et al.*, (2003) demonstraram que a biodegradabilidade diminuía com o aumento da quantidade de compostos aromáticos e/ou polares. Mostrou que a viscosidade cinemática é o fator significativo na variação da biodegradabilidade com a composição química e as propriedades físicas e químicas do óleo. Zhanpeng *et al.* (2002) basearam o seu método de cálculo da biodegradabilidade em três parâmetros: Relação CBO$_5$ /COD (carência biológica de oxigénio após 5 dias/ carência química de oxigénio), produção de CO2 e atividade dos microrganismos por ATP (adenosina trifosfato). Na escala da estrutura química, alguns trabalhos (Hongwei *et al.*, 2004) mostraram que a biodegradabilidade era uma função da energia total e do diâmetro molecular.

2.6. Estudos sobre o tratamento de resíduos de perfuração na Nigéria

Há investigações que mostram que os resíduos de perfuração gerados no país contêm substâncias tóxicas que são motivo de preocupação ambiental. De acordo com os relatórios de Joel e Amajuoyi, (2009) sobre a determinação de parâmetros físicos e químicos seleccionados, incluindo concentrações de metais num determinado local de descarga de resíduos de perfuração no país, os resultados do seu estudo mostraram que o óleo e a gordura à superfície e a 20 pés à volta da área de descarga de resíduos estavam acima do limite especificado (DPR, 2002). A investigação de Gbadebo *et al.*, (2010) sobre os teores de hidrocarbonetos e de alguns metais nas lamas de perfuração e nas aparas geradas durante a perfuração de poços de petróleo terrestres em Fgbokoda revelou que os hidrocarbonetos totais de petróleo (TPH), os hidrocarbonetos alifáticos (AH) e os hidrocarbonetos aromáticos policíclicos (PAH) excediam geralmente os limites estipulados pelas agências nacionais e internacionais.

As técnicas de remediação normalmente utilizadas para os resíduos de perfuração na Nigéria parecem ser as tecnologias térmicas. No entanto, devido às implicações económicas, operacionais e ambientais destas tecnologias térmicas, iniciou-se a procura de técnicas mais aceitáveis. Há pouca literatura sobre a utilização de microrganismos para a remediação de resíduos de perfuração na Nigéria. As poucas literaturas mostram que uma grande percentagem ainda se encontra na plataforma de escala de referência. Por exemplo, Nweke e Okpokwasili (2003) isolaram *Staphylococcus sp.* de solo contaminado com petróleo que foi tratado com 1% de óleo de base de fluido de perfuração (HDF-2000). O seu estudo revelou que *Staphylococcus sp.* é um forte utilizador primário do óleo de base e tem potencial para aplicação em processos de biorremediação envolvendo fluidos de perfuração à base de petróleo. Além disso, a recuperação de lamas de perfuração à base de óleo foi monitorizada durante um período de 12 semanas após a inoculação com efluentes de cozinha por Umanu e

Nwachukwu (2010). Neste estudo, as lamas de perfuração à base de óleo inoculadas com volumes variáveis (200 ml, 250 ml e 300 ml) de efluente de cozinha constituíram as instalações experimentais, enquanto as instalações de controlo foram constituídas por lamas de perfuração à base de óleo inoculadas com volumes variáveis (200 ml, 250 ml e 300 ml, respetivamente) de água destilada estéril. Nas instalações experimentais que receberam utilizadores adicionais de hidrocarbonetos $(4,15 \times 10^4 \pm 0,12$ ufc/ml), bem como fosfato (3,63 mg/1), sulfato (3,0 mg/1) e nitrato (15,60 mg/1) presentes no efluente da cozinha, tanto o oxigénio dissolvido (DO) como a concentração de óleo residual (ROC) diminuíram rapidamente, enquanto as tendências de aumento da carência bioquímica de oxigénio (BOD) foram muito mais pronunciadas ao longo do período, quando comparadas com as instalações de controlo. No entanto, a análise dos dados obtidos neste estudo revelou que as diferenças entre a concentração média de óleo residual das instalações experimentais e a das instalações de controlo para A e B são insignificantes, enquanto a de C diferiu significativamente ao nível de 5% de probabilidade, indicando que a magnitude da perda na concentração de óleo residual aumenta à medida que o volume de efluente de cozinha inoculado aumenta. Por conseguinte, pode ser necessário utilizar o efluente de cozinha como inóculo alternativo na bioremediação de lamas de perfuração contaminadas com óleo.

Os trabalhos de Okparanma *et al.,* (2009) compararam os potenciais da bio-augmentação e da compostagem convencional como tecnologias de bioremediação para a remoção de PAHs de aparas de perfuração de campos petrolíferos. A partir de um poço de lama, próximo de um poço de petróleo bruto acabado de concluir na região do Delta do Níger, na Nigéria, foram obtidos 4000 g de aparas de perfuração, que foram homogeneizadas com 667 g de solo superficial (para servir de suporte microbiano) em três reactores separados (A, B e C). A bioaumentação das bactérias indígenas na mistura foi feita adicionando aos reactores A e B uma solução de trabalho de 20mL (contendo $7,6 \times 10^{11}$ cfu/mL) de cultura pura de *Bacillus* e *Pseudomonas,* respetivamente, enquanto uma solução de trabalho de 20mL (contendo 1,5x1012 cfu/mL) da cultura mista de *Bacillus* e *Pseudomonas* foi adicionada ao reator C. A biopreparação foi adicionada a cada reator (excluindo o controlo) de duas em duas semanas durante seis semanas. A experiência de compostagem foi realizada num reator de 10 litros, no qual foram homogeneizados 4000 g de estacas de perfuração, 920 g de solo superficial e 154 g de estrume de quinta e excrementos de aves. A mistura e a rega dos conjuntos foram efectuadas com um intervalo de 3 dias, à temperatura ambiente, durante um período de seis semanas. Os resultados mostraram que as concentrações individuais iniciais de PAHs nas aparas de perfuração variavam entre 1,67 e 70,7 mg/kg de peso seco, com uma predominância de PAHs de 3 anéis específicos da combustão (representando 90% do total inicial de PAHs). Após o exercício de bioremediação que durou 42 dias, o total de PAHs nas aparas de perfuração foi reduzido de 223,52 para 4,25 mg/kg, representando uma redução de 98,1%.

2.7. Micoremediação

A biorremediação é uma tecnologia atractiva que utiliza o potencial metabólico dos microrganismos para limpar os poluentes ambientais para formas menos perigosas ou não perigosas, com menor utilização de produtos químicos, energia e tempo (Asgher *et al.*, 2008, Haritash e Kaushik, 2009). A aplicação de fungos no processo de remediação é designada por micoremediação. Os fungos desempenham papéis vitais em todos os ecossistemas, regulando o fluxo de nutrientes e energia através das suas redes de micélios. Pode dizer-se que actuam como verdadeiros engenheiros naturais dos ecossistemas (Singh, 2006). Os fungos são um grupo diversificado de organismos e estão omnipresentes no ambiente. A sua contribuição vai desde a utilização natural à utilização industrial. Podem existir e sobreviver em quase todos os habitats. Os fungos desempenham papéis vitais em todos os ecossistemas e são capazes de regular o fluxo de nutrientes e energia através das suas redes miceliais. Afectam o ambiente à macro-escala, embora o seu impacto permaneça em grande parte escondido do mundo. As suas redes miceliais podem cobrir vários hectares de solo florestal, pelo que os fungos são considerados os verdadeiros engenheiros naturais dos ecossistemas (Lawton e Jones, 1995). São oportunistas e respondem rapidamente a desastres ambientais. A micoremediação como técnica centra-se na degradação de compostos orgânicos por fungos e isto é conseguido através da produção de enzimas extracelulares e intracelulares que catalisam várias reacções (Paszezynski e

Crowford, 2000). Está praticamente estabelecido que os fungos (principalmente os fungos de podridão branca) são capazes de utilizar os seus micélios para biorremediar produtos de hidrocarbonetos devido à sua elevada produção de ácidos orgânicos, quelantes, enzimas oxidativas e enzimas extracelulares que lhes permitem utilizar o produto de hidrocarboneto mais rapidamente (Stamets, 1999).

De acordo com Bennett *et al.,* (2001), as estratégias de bioremediação podem ser divididas em três categorias gerais:

(i) O composto alvo é utilizado como fonte de carbono;

(ii) O composto alvo é atacado enzimaticamente mas não é utilizado como fonte de carbono (cometabolismo), e

(iii) O composto alvo não é metabolizado de todo, mas é absorvido e concentrado no organismo (bioacumulação).

Embora os fungos participem nas três estratégias, são frequentemente mais competentes no cometabolismo e na bioacumulação do que na utilização de xenobióticos como únicas fontes de carbono.

2.7.1. Os cogumelos como produto e o seu papel na micoremediação

O cogumelo é um macrofungo com um corpo de frutificação distinto que pode ser epígeo (crescendo acima da superfície do solo) ou hipogéneo (crescendo abaixo da superfície do solo) e suficientemente grande para ser visto a olho nu e pode ser colhido com a mão. (Chang e Miles, 1992).

Os cogumelos, incluindo os fungos, são omnipresentes no solo e contribuem para a degradação de materiais tóxicos no solo. Os cogumelos crescem em solos contaminados com hidrocarbonetos e não-hidrocarbonetos, segregam enzimas lacase, manganês peroxidase e lignina peroxidase que são utilizadas para remediação (Barr e Aust, 1994). Lau *et al.,* (2003), relataram a utilização de composto de cogumelos para degradar o solo contaminado com PAH. Os cogumelos apresentam capacidades extraordinárias para transformar poluentes recalcitrantes e também degradam um amplo espetro de poluentes ambientais tóxicos estruturalmente diversos (Reddy, 1998). A sua capacidade extracelular permite-lhes degradar compostos tóxicos não solúveis e compostos não populares (Levin *et al*, 2003). Os cogumelos também apresentam uma baixa especificidade das enzimas produzidas, o que lhes permite degradar compostos antropogénicos recalcitrantes. A presença de metais pesados e de outros contaminantes nocivos, que os cogumelos atacam extracelularmente, digerem, levou a um aumento de cogumelos em oposição à inibição de cogumelos e à subsequente remoção de metais tóxicos no ambiente (Stamets, 2005). A eliminação de metais de locais poluídos por cogumelos (Malik, 2004) deve-se às capacidades de remediação e purificação dos cogumelos. Emuh (2010) referiu que os cogumelos inoculados em substratos de origem local se revelaram promissores na bioremediação de solos poluídos com petróleo bruto.

O cogumelo é um fungo que se alimenta através da secreção de enzimas, digere os alimentos externamente e absorve os nutrientes numa cadeia semelhante a uma rede, denominada hifa. A cadeia em forma de rede (hifa) está exposta a estímulos no seu nicho ecológico e actua como um intelecto consciente e responde a estímulos. A ramificação densa e regular das hifas confere aos fungos o potencial de penetrar completamente em qualquer substrato. À medida que a espessura do micélio aumenta, a taxa de penetração mecânica e de decomposição do substrato também aumenta. Isto culmina no aumento da taxa de digestão do substrato através da secreção de enzimas extracelulares. Este facto mostra as potencialidades de bioremediação do cogumelo (Hamman, 2004). Esta hifa/micélio penetra no local contaminado, colocando assim um tapete sobre ele e este é o processo de decomposição de produtos tóxicos ou poluentes. As enzimas produzidas pelos cogumelos, que são a lignina perioxidase, a manganês perioxidase e a lacase, penetram, quebram e digerem ou mineralizam as substâncias nocivas presentes nos resíduos (Stamets, 2005). Estas enzimas actuam isolada ou coletivamente, ajudando o micélio a decompor materiais resistentes à natureza ou produzidos pelo homem (Stamets, 2005). Do mesmo modo, Hitivani e Mees, (2003) referiram que o micélio de cogumelos expostos a metais pesados de cádmio, cobre, chumbo, mercúrio e zinco aumentou a produção de enzimas lacase, descolourizou-as e subsequentemente absorveu os metais pesados.

2.7.2 Efeitos dos cogumelos nos metais pesados

O cogumelo cresce, decompõe-se e absorve ou mineraliza os poluentes ambientais numa forma não tóxica (Hamman, 2004). A presença de metais pesados e de outros contaminantes nocivos, que o cogumelo ataca extracelularmente, digere, leva a um aumento de cogumelos em oposição à inibição de cogumelos e à subsequente remoção de metais tóxicos no ambiente pelo cogumelo shiitake (Hitivani e Mees, 2003; Stamets, 2005). A eliminação de metais de locais poluídos por cogumelos (Malik, 2004) deve-se às capacidades de remediação e purificação dos cogumelos. Stamets (2005), Emuh (2009), relataram que os cogumelos crescem na presença de metais pesados, segregam enzimas e desintoxicam esses contaminantes. Do mesmo modo, Mulligan e Galver-Cloutier (2003) referiram que os fungos, incluindo os cogumelos, degradam o solo contaminado com metais. Stamets (2005) referiu que os cogumelos canalizam os metais pesados da terra para os corpos frutíferos para serem removidos do solo/ambiente. Isto acontece primeiro através da desnaturação das toxinas e, por fim, da absorção desses metais pesados.

Os cogumelos são hiperacumuladores de metais pesados e de metais radioactivos que são tóxicos para o consumo e que são assim eliminados do ambiente. Estes são bioconcentrados em formas sólidas no cogumelo (Wasser *et al,* 2003; Sasek, 2003). Da mesma forma, Arica *et al,* (2003) relataram a utilização de micélios de cogumelo da cauda de peru e de cogumelo ostra fénix para eliminar 97% de iões de mercúrio da água. Da mesma forma, Humer *et al,* (2004), relataram que o cogumelo degradou o cobre e o crómio em madeiras tratadas.

2.7.3 Estudos laboratoriais sobre micoremediação

Estudos recentes mostraram que P. ostreatus é capaz de degradar uma variedade de hidrocarbonetos aromáticos policíclicos (PAH) (Sack e Gunthen, 1993). Tem a capacidade de degradar HAP em solo não esterilizado, tanto na presença como na ausência de cádmio e mercúrio. Foi relatado que catalisa a humificação de antraceno, benzo (a) pireno e flora em dois solos contaminados com HAP de uma instalação de gás fabricado e de uma central eléctrica abandonada (Bojan *etal.,* 1999).

O fungo de podridão branca *Pleurotus tuber-regium* é outro fungo examinado quanto à sua capacidade de melhorar solos poluídos por petróleo bruto. Isikhuemhen *et al.* (2003) referiram que o fungo tinha a capacidade de melhorar o solo poluído com petróleo bruto e que a amostra de solo resultante apoiava a germinação de sementes e o crescimento de plântulas de *Vigna unguiculata.* Registaram uma melhoria significativa na percentagem de germinação, altura da planta e alongamento da raiz. Ogbo *et al.,* (2006) investigaram o efeito de diferentes níveis de óleo lubrificante usado no crescimento de *Pleurotus tuber-regium* a diferentes níveis (5, 8, 16, 30, 65, 98, 130 e 160%). O fungo cresceu de forma óptima a um nível de contaminação de 98%. O rendimento médio mostrou que o nível de contaminação de 98% proporcionou o rendimento mais elevado (79,56 g), embora se tenha registado uma inibição a 130 e 160%. Os esporóforos mais curtos e mais altos foram registados no controlo e no nível de contaminação de 5%. Ogbo e Okhuoya, (2009) investigaram o efeito do petróleo bruto no rendimento e na composição química de *Pleurotus tuber-regium* em solos aos quais foram adicionados serradura, folhas de bananeira trituradas, fertilizante NPK e cama de aves. O estudo mostrou que a contaminação por petróleo bruto melhora o bem-estar geral do fungo.

A biorremediação de solos contaminados com fluidos de corte por *Pleurotus tuber-regium* por Adenipekun *et al.* (2011a) relatou que houve uma melhoria no estado nutricional do solo e um aumento na atividade enzimática. Foi detectada uma redução do pH e dos teores de metais pesados do solo aos níveis das concentrações de fluidos de corte. A lenhina na palha de arroz diminuiu de 34,50% no controlo para 8,06 na concentração de 30% de fluidos de corte após 3 meses de incubação. A maior perda de TPH, de 30,84%, foi registada a 20% de contaminação por fluidos de corte após 3 meses, em comparação com 13,75% no início da experiência. A melhoria dos teores de nutrientes do solo, a bioacumulação de metais pesados, a degradação de TPH, a lenhina e o aumento da atividade da polifenol oxidase e da peroxidase devem-se à biodegradação dos fluidos de corte.

Adenipekun e fsikhuemhen, (2008) investigaram a bioremediação de solos poluídos com óleo de motor por L. squarrosulus. Os resultados indicaram que os solos contaminados aumentaram a matéria orgânica, o carbono e o fósforo disponível, enquanto o azoto e o potássio disponível diminuíram. Foi observada uma percentagem relativamente elevada de degradação de hidrocarbonetos totais de petróleo (TPH) a 1% de concentração de óleo de motor (94,46%), que diminuiu para 64,05% de degradação de TPH a 40% de concentração de óleo de motor após 90 dias de incubação. As concentrações de Fe, Cu, Zn e Ni recuperadas do complexo de biomassa fúngica aumentaram com o aumento da contaminação com óleo de motor. A melhoria dos valores do teor de nutrientes, bem como a bioacumulação de metais pesados em todos os níveis de concentrações de óleo de motor testados através da inoculação com L. squarrosulus é importante para a bioremediação de solos poluídos por motores.

Okparanma *et al.,* (2011) relataram que o substrato gasto de fungos de podridão branca *(P. ostreatus)* pode ser utilizado para remediar as aparas de perfuração nigerianas à base de petróleo contendo hidrocarbonetos poliaromáticos e também servir o duplo objetivo de reduzir o volume a granel do substrato fúngico gasto como resíduo e a incidência da ocorrência de PAH no ambiente. Após 56 dias de compostagem, a quantidade total de PAH's residuais nas aparas residuais diminuiu de 19,75 para 7,62%, enquanto a degradação global de PAH's aumentou entre 80,25 e 92,38% com o aumento da adição de substrato.

Emuh (2010) referiu que o petróleo bruto e os metais pesados presentes no solo poluído são decompostos e absorvidos pelas hifas e micélios dos cogumelos através da secreção de enzimas para níveis ambientalmente seguros, resultando em óxido de carbono (IV), água e talvez biomassa. Zebulun *et al.* (2011) trabalharam na descontaminação de solo poluído com antraceno através da biodegradação induzida por um fungo de podridão branca (P. ostreatus). Relataram que o tempo, o nível de contaminação e o tratamento fúngico afectaram a taxa de degradação de todos os níveis de degradação do antraceno (76 a 89%) em comparação com o solo de controlo (33 a 51%). Foi referido que a libertação de enzimas lignolíticas como a lenhina peroxidase, a lacase e a manganês peroxidase por *P. ostreatus* está associada à degradação do antraceno. Também se observou um aumento da concentração de antraceno em diferentes datas de amostragem em algumas das amostras de solo.

CAPÍTULO 3

3.0 MATERIAIS E MÉTODOS

3.1 Recolha de amostras

O fluido de perfuração à base de petróleo usado foi recolhido de um local de exploração petrolífera offshore em Sapele, Nigéria. O solo de jardim de textura argilosa utilizado para esta experiência foi recolhido a uma profundidade de 1 a 10 cm numa zona do campus de Abuja da Universidade de Port Harcourt. O farelo de arroz, a serradura e as sementeiras puras de *Pleurotus pulmonarius* e *Pleurotus ostreatus* foram obtidos no Centro de Investigação e Produção de Cogumelos/Sementes NDDC/RSUST/DILOMAT do Campus de Ensino e Investigação da Faculdade de Agricultura, Universidade Estatal de Ciência e Tecnologia de Rivers, Nkpolu, Port Harcourt. O carbonato de cálcio e o sulfato de cálcio foram comprados num mercado da cidade de Port Harcourt e utilizados como suplemento nutritivo.

3.2 Preparação do substrato

A serradura foi compostada durante sete dias. Isto foi feito fazendo uma pilha de 19 kg de serradura misturada com ureia (uma fonte de azoto) e gesso. Espalhou-se água por cima, enquanto o monte era bem misturado. Após o período de compostagem, a serradura foi misturada cuidadosamente com 3 kg de farelo de arroz, 16 g de cal e 19 g de $CaSO_4$. Foi adicionada água para aumentar o teor de humidade. Cada um dos sacos de polietileno utilizados continha 200g desta mistura (suplementos) misturada com 800g de solo. Os sacos foram esterilizados e deixados a arrefecer.

3.3 Conceção experimental

A: 200ml de líquido de perfuração + 800g de areia esterilizada + 200g de nutrientes + 20g de sementes de semente

(Pleurotus ostreatus).

B: 200ml de líquido de perfuração + 800g de areia esterilizada + 200g de nutrientes + 20g de sementes de semente

(Pleurotuspulmonarius)

AB: 200ml de líquido de perfuração + 800g de areia esterilizada + 200g de nutrientes + 10g de sementes de semente *(Pleurotus ostreatus)* + 10g de sementes de semente *(Pleurotuspulmonarius)*

Controlo: 200ml de líquido de perfuração + 800g de areia esterilizada + 200g de nutrientes + sem sementes

3.4 Determinação dos parâmetros físico-químicos das amostras de solo

3.4.1 Determinação do pH do solo

O pH da amostra de solo foi medido com um medidor de pH digital Pometer.

3.4.2 Análise do teor de nutrientes

A condutividade, o azoto total, o carbono orgânico total, o fósforo disponível e o cloreto foram determinados utilizando o método descrito pela Association of Official Analytical Chemists (A.O.A.C, 2003).

3.4.3 Análise de metais pesados

Transferiu-se uma quantidade medida das amostras para um balão de Kjeldahl; adicionaram-se 20 ml de ácido nítrico concentrado (HNO_3) e a amostra foi pré-digerida por aquecimento suave durante 20 minutos. Em seguida, adicionou-se mais ácido e a digestão prosseguiu durante 30-40 minutos. A digestão foi interrompida quando se obteve uma digestão límpida. O balão foi arrefecido e o conteúdo transferido para um balão volumétrico de 50 ml e completado até à marca com água destilada (Adekenya, 1998). A solução resultante foi analisada para metais pesados utilizando o espetrofotómetro de absorção atómica (espetrofotómetro Phoenix 986 AA).

3.4.4 Análise dos hidrocarbonetos totais do petróleo

A amostra de solo foi extraída para hidrocarbonetos totais de petróleo com hexano e acetona de grau Analar (1:1, v/v) num frasco de extração, equipado com uma tampa de Teflon. A amostra foi submetida a ultra-sons durante 1 hora e as duas fases foram separadas por decantação. A fase orgânica extraída foi concentrada ou reduzida a um volume de 1 ml utilizando um evaporador rotativo de vácuo. Cerca de 1,0 µl da solução de extração final foi injetado e eluído num cromatógrafo de gás já calibrado, HP 5890. A calibração foi efectuada utilizando padrões primários de TPH disponíveis no mercado (Accustandards, EUA). As áreas dos picos foram utilizadas na quantificação da concentração de TPH.

3.5 Contagem de bactérias heterotróficas totais (THB)

A contagem total de bactérias heterotróficas cultiváveis presentes nas amostras foi determinada à zero hora, 21st, 42nd e 63rd da experiência. Foi utilizado o método da placa de espalhamento em ágar nutriente (Antech Laboratories LTD). As suspensões das amostras foram preparadas através de diluições seriadas de 10 vezes com 1 g de solo, utilizando água destilada como diluente. Alíquotas (0,1 ml) das diluições apropriadas foram espalhadas em triplicados de ágar nutriente estéril. As placas foram incubadas durante um período de 18-48 h na incubadora a 28 °C. As colónias que se formaram durante este período de incubação foram contadas utilizando a seguinte fórmula

<u>Número de colónias x fator de diluição</u>

Volume utilizado

Os valores foram expressos em unidades formadoras de colónias por g (Cfu/g). A contagem de bactérias heterotróficas totais foi efectuada utilizando os procedimentos indicados, que foram previamente relatados por alguns investigadores (Chikere *et al.*, 2009; Nwachukwu *et al.*, 2010).

3.6 Enumeração das contagens totais de fungos (THE)

O meio de escolha foi o ágar dextrose de batata (PDA), utilizando o método da placa de espalhamento. O meio foi preparado de acordo com as instruções do fabricante (Oxoid LTD) e esterilizado a 121 °C, 15 psi e 15 minutos antes de ser distribuído em placas de Petri estéreis. Foi inoculada no meio uma alíquota de 0,1 ml de diluições adequadas (diluente água destilada) da amostra. As placas foram incubadas durante 5-7 dias à temperatura ambiente e as colónias formadas foram contadas e expressas em ufc/g.

3.7 Ensaio de fitotoxicidade

Dez sementes de milho em grão *(Zea mays var. indentata')* foram plantadas em cada saco de viveiro contendo os solos tratados, o solo de controlo e o solo não contaminado e a percentagem do potencial de germinação das sementes foi calculada após três dias de plantação. A análise foi efectuada durante quatro semanas. A altura da planta foi determinada medindo a altura da planta desde a borda até a folha mais alta (Weiher, 1999). A circunferência do caule foi medida num ponto 5 cm acima do nível do solo usando uma fita. Outras medidas de crescimento que foram consideradas incluem: comprimento da folha, comprimento do rebento e largura da folha. Estas foram todas registadas regularmente em intervalos semanais. No final da quarta semana, as plantas foram arrancadas e analisadas para metais pesados utilizando um espetrofotómetro de absorção atómica (espetrofotómetro Phoenix 986 AA).

3.8 Análise estatística

As análises estatísticas foram efectuadas utilizando o pacote estatístico para as ciências sociais (SPSS, versão 12.0). A análise de variância (ANOVA), valores de P, testes de significância e Post Hoc foram efectuados com um nível de confiança de 95%. Os valores de P foram utilizados para determinar os níveis de significância entre os tratamentos e o controlo durante o estudo experimental.

CAPÍTULO 4

4.0 RESULTADOS E DISCUSSÃO

4.1 APRESENTAÇÃO DE DADOS

4.1.1 Características de base das lamas de perfuração, suplementos e solos à base de petróleo usados

Os valores das contagens de bactérias heterotróficas totais de base, contagens totais de fungos, parâmetros físico-químicos (pH, condutividade, azoto total, carbono orgânico total, fósforo disponível, potássio e cloreto), metais pesados como (cobre, bário, cádmio, chumbo e zinco) e análise de cromatografia gasosa de hidrocarbonetos totais de petróleo (TPH), areia não contaminada e hidrocarbonetos aromáticos polinucleares (PAHS) nas lamas usadas, suplementos e solo são apresentados na Tabela 4.1, 4.2 e 4.3.

4.1.2 Taxa de colonização dos sacos de substrato

A taxa de ramificação ou colonização dos sacos de substrato pelos fungos foi monitorizada semanalmente durante três semanas, utilizando uma régua (Stanley e Odu, 2012). Após sete dias, os comprimentos médios de crescimento (cm) para os tratamentos A, B e AB foram 3,42, 2,87 e 4,36, respetivamente. Após catorze dias, os comprimentos médios de crescimento (cm) para os tratamentos A, B e AB eram 6,65, 5,45 e 6,90, respetivamente, enquanto os comprimentos médios de crescimento (cm) de ramificação vinte e um dias após a instalação experimental para os tratamentos A, B e AB eram 9,75, 7,75 e 13,28, respetivamente. Na quarta semana, os sacos estavam completamente colonizados. O tratamento AB apresentou a maior extensão micelial. O Apêndice B mostra o crescimento micelial médio semanal.

Quadro 4.1: Características de base das lamas de perfuração usadas

Parâmetro	Valor
Contagem total de bactérias heterotróficas (THB) (ufc/ml)	$2,85 \times 10^4$
Contagem total de fungos (THFC) (ufc/ml)	9.0×10^3

pH	7.18
Condutividade (µS cm)	15880
Azoto total (mg/kg)	41.21
Fósforo disponível (mg/kg)	84.11
Potássio disponível, (mg/kg)	301.14
Carbono orgânico total (TOC) (%)	3.20
Cloreto (mg/kg)	6550
Zinco (mg/kg)	151.19
Cobre (mg/kg)	113.27
Bário (mg/kg)	240.12
Cádmio (mg/kg)	29.04
Chumbo (mg/kg)	31.56
Hidrocarbonetos totais de petróleo (TPH) (mg/kg)	69400
PAHS (mg/kg)	131.362

Quadro 4.2: Características de base dos suplementos

Parâmetro	Valor
Condutividade (µS cm)	6899
pH	10.2
Carbono orgânico total (TOC) (%)	11.20
Azoto total (mg/kg)	2566
Fósforo disponível (mg/kg)	2110
Potássio disponível, (mg/kg)	1650

Tabela 4.3: Características de base do solo

Parâmetros	valores
Ph	5.59
Condutividade (µS/cm)	80.25
Carbono orgânico total (TOC) (%)	0.56

Cloreto (mg/kg)	9.99
Azoto (mg/kg)	0.50
Zinco (mg/kg)	12
Cobre (mg/kg)	3.20
Cádmio (mg/kg)	ND
Chumbo (mg/kg)	ND
Bário (mg/kg)	ND
Hidrocarbonetos totais de petróleo (mg/kg)	23

4.1.3 Resultados dos parâmetros físico-químicos

Condutividade:- verificou-se uma redução geral da condutividade nos vários tratamentos (A, B, AB e Controlo) em relação ao tempo. Para o tratamento A, a condutividade reduziu-se de uma concentração inicial de 14430µS/cm no dia 0 para uma concentração final de 9140µS/cm no dia 63, o que corresponde a uma redução de 36,66% na condutividade. Para o tratamento B, a concentração inicial reduziu de 14540µS/cm para 11250µS/cm, o que correspondeu a uma redução de 22,63% na condutividade. Para o tratamento AB, o valor da condutividade reduziu de 14120µS/cm para 6580µS/cm, dando uma redução de 53,40%. Para o controlo (que não continha qualquer tratamento fúngico), houve uma ligeira diminuição de 14490µS/cm para 13660µS/cm, o que corresponde a uma redução de 5,73%. O resultado mostra que o tratamento AB apresentou a maior percentagem de redução. A Figura 4.2 mostra as alterações na condutividade ao longo do tempo no solo contaminado após o tratamento com *P. ostreatus, P. pulmonarius* e o consórcio *(P. ostreatus* e *P.pulmonarius)*.

Carbono Orgânico Total (COT):- registou-se uma redução global do COT em relação aos vários tratamentos. Para o tratamento A, a concentração inicial foi reduzida para 3,39% de 5,09% após o dia 63rd , dando uma redução de 33,40%. Para o tratamento B, a concentração inicial foi reduzida de 5,02% para 3,98%, o que deu uma redução de 20,72%, enquanto a concentração inicial do tratamento AB foi reduzida de 5,04% para 2,15%, dando uma redução de 55,34%. O controlo deu uma redução de 8,48%, ou seja, a concentração inicial reduziu de 5,19% para 4,75%. O resultado mostra que o tratamento AB deu a maior percentagem de redução. A Figura 4.3 mostra as alterações na concentração de carbono orgânico total no solo contaminado durante o estudo.

Azoto total: - verificou-se uma diminuição das concentrações de azoto nos vários tratamentos e no controlo durante o período de estudo. A concentração inicial para os tratamentos A, B, AB e Controlo, reduziu de 742,77mg/kg, 741,78mg/kg, 740,57mg/kg e 741,62mg/kg para 702,55mg/kg, 719,24mg/kg, 696,36mg/kg e 739,76mg/kg respetivamente. Isto resultou numa redução percentual de 5,41% para o tratamento A, 3,04% para o tratamento B, 5,97% para o tratamento AB e 0,25% para o controlo. O tratamento AB registou a maior redução em percentagem. A Figura 4.4 mostra as alterações na concentração de azoto total no solo contaminado durante o estudo.

Fósforo: - No tratamento A, a concentração inicial reduziu de 642,38mg/kg para 402,71mg/kg, dando origem a uma redução de 37,31%, no tratamento B, a concentração inicial reduziu de 635,38mg/kg para 435,84mg/kg, o que correspondeu a uma redução de 31,42%. No tratamento AB, a concentração inicial reduziu-se de 640,75mg/kg para 386,47mg/kg, o que resultou numa redução de 39,68%. No controlo, a concentração inicial era de 638,14mg/kg e a concentração final de 579,41mg/kg, o que corresponde a uma redução de 9,20%. Para este parâmetro, o tratamento AB registou a maior redução. A Figura 4.5 mostra as alterações na concentração de fósforo disponível no solo contaminado durante o estudo.

Cloreto:- No tratamento A, a concentração inicial reduziu-se de 5847mg/kg para 3945mg/kg, o que resultou numa redução de 32,53%. Para o tratamento B, a concentração inicial reduziu-se de 5583mg/kg para 4126mg/kg, o que resultou numa redução de 26,10%, enquanto o valor inicial para o tratamento AB se reduziu de 5980mg/kg para 3200mg/kg, o que resultou numa redução de 46,49%. A concentração inicial do controlo, que era de 5842mg/kg, foi reduzida para 5520mg/kg, dando uma redução de 5,51%. O tratamento AB apresentou a maior percentagem de redução. A Figura 4.6 mostra as alterações na concentração de cloreto no solo contaminado durante o estudo.

pH:- No tratamento A, o valor inicial reduziu-se de 8,01 para 6,11, o que resultou numa redução de 23,72%, para o tratamento B, o valor inicial reduziu-se de 8,06 para 6,05, o que resultou numa redução de 24,94%, enquanto o valor inicial para o tratamento AB reduziu-se de 8,08 para 5,65, o que resultou numa redução de 30,04%. O valor inicial do controlo foi reduzido de 7,97 para 7,62, o que representa uma redução de 4,39%. A Figura 4.7 mostra as alterações do pH no solo contaminado durante o estudo.

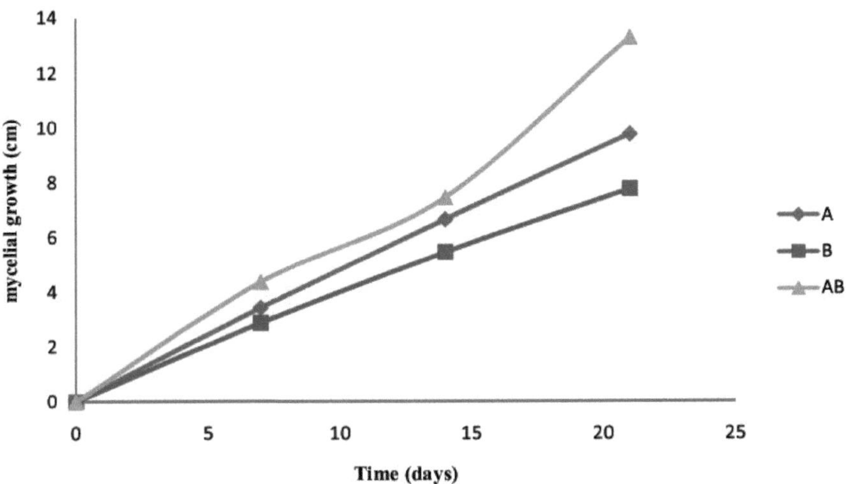

Fig. 4.1: Crescimento micelial médio semanal dos fungos (cm) nos sacos de substrato

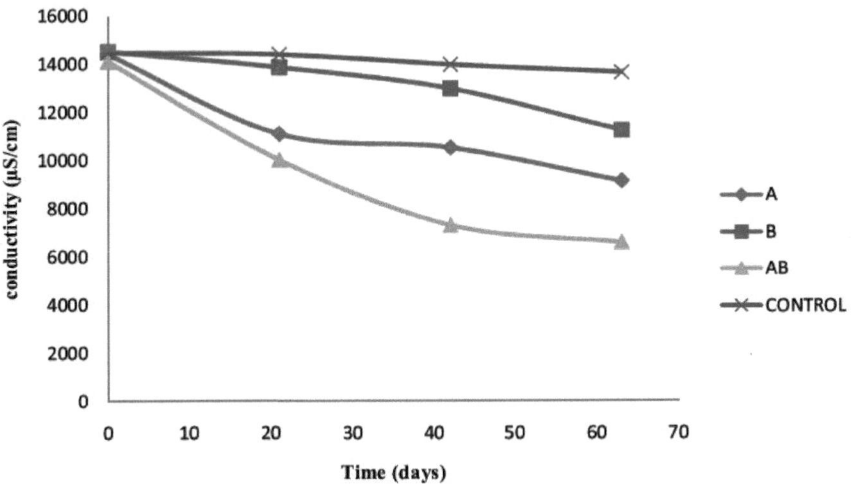

Fig.4.2. Alterações na condutividade ao longo do tempo no solo contaminado após o tratamento com *P. ostreatus, P.pulmonarius* e o consórcio (P. *ostreatus* e *P.pulmonarius).*

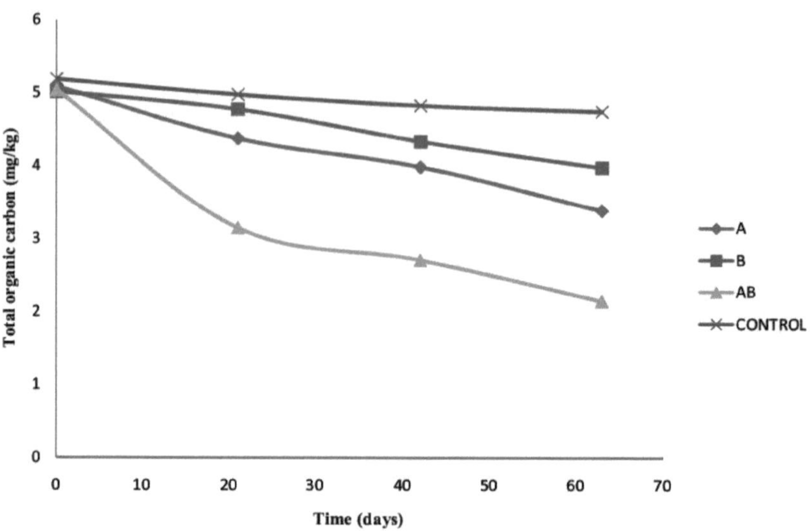

Fig.4.3. Alterações na concentração de carbono orgânico total no solo contaminado durante o estudo

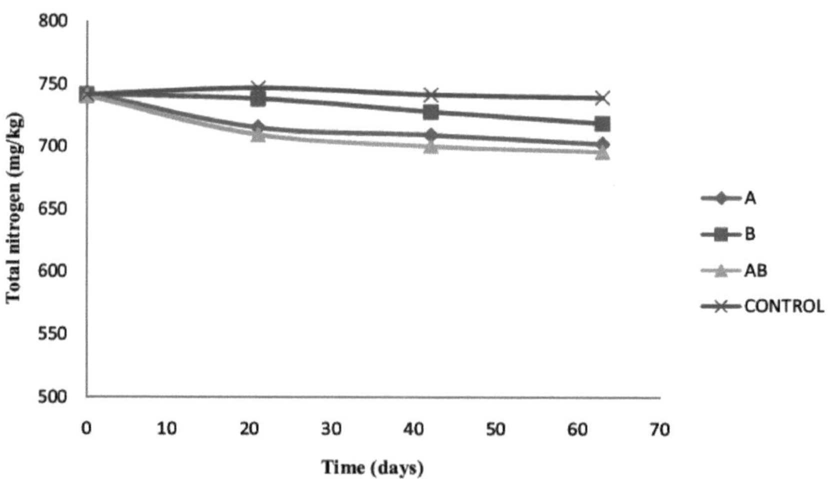

Fig.4.4. Alterações na concentração de azoto total no solo contaminado durante o estudo.

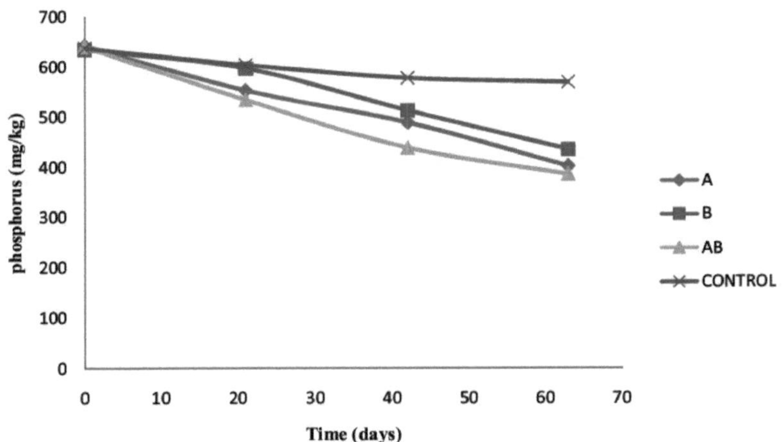

Fig.4.5. Alterações na concentração de fósforo disponível no solo contaminado durante o estudo.

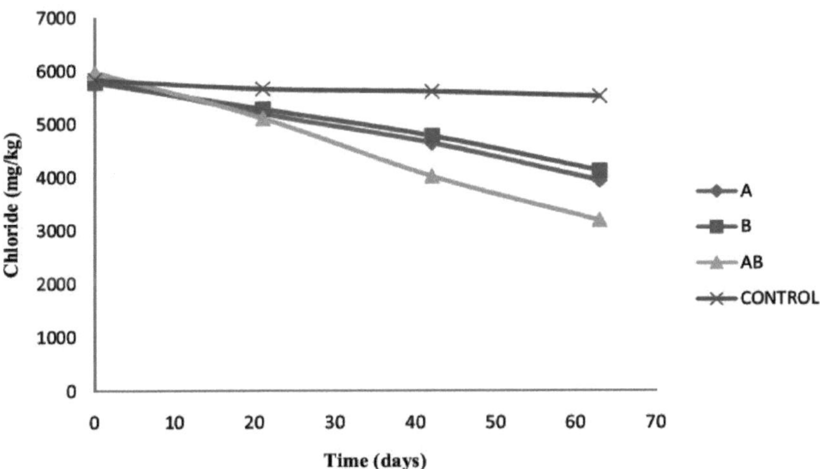

Fig.4.6. Alterações na concentração de cloreto no solo contaminado durante o estudo.

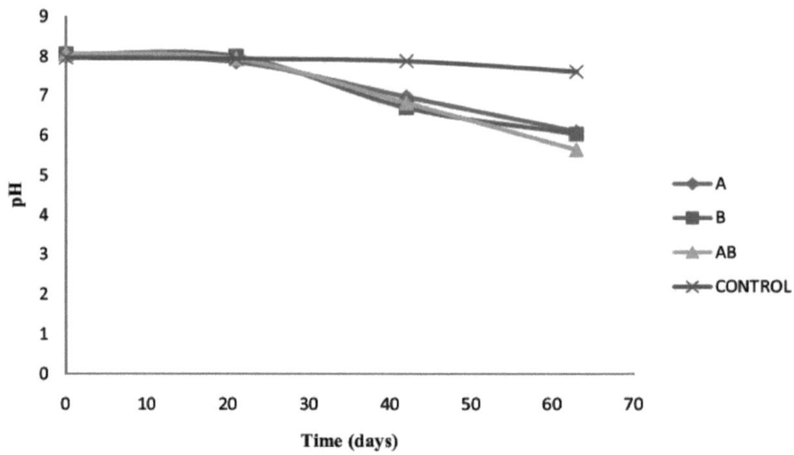

Fig.4.7. Alterações do pH no solo contaminado durante o estudo.

4.1.4 Resultados sobre metais pesados

Zinco: - Registou-se uma diminuição geral da concentração de zinco em todas as instalações experimentais. No tratamento A, a concentração inicial de zinco, que era de 114,22mg/kg no dia 0, diminuiu para 51,33mg/kg no dia 63, o que corresponde a uma redução de 55,06%. Para o tratamento B, a concentração inicial de 120,14mg/kg diminuiu para 55,37mg/kg, o que deu origem a uma redução de 53,91%. No tratamento AB, a concentração inicial de 110,56mg/kg diminuiu para 45,66mg/kg, o que corresponde a uma redução de 58,70%. Houve uma ligeira diminuição na concentração de zinco no controlo, a concentração inicial de 125,47mg/kg diminuiu para 121,22mg/kg, o que resultou numa redução de 3,39%. O tratamento AB registou a melhor redução. A Figura 4.8 mostra as alterações na concentração de zinco no solo contaminado durante o estudo.

Cobre:- No tratamento A, a concentração inicial reduziu-se de 81,82mg/kg para 26,03mg/kg após o dia 63, o que resultou numa redução de 68,19%. Para o tratamento B, a concentração inicial reduziu-se de 87,99mg/kg para uma concentração final de 30,64mg/kg, o que resultou numa redução de 65,18%. A concentração inicial de 85,04mg/kg para o tratamento AB reduziu-se para 20,09mg/kg, o que correspondeu a uma redução de 76,38%. Para a configuração de controlo, a concentração inicial de 89,29mg/kg reduziu-se para 75,69mg/kg, resultando numa redução de 15,23%. A Figura 4.9 mostra as alterações na concentração de cobre no solo contaminado durante o estudo.

Bário: - **Registou-se** uma diminuição geral da concentração de bário em todos os tratamentos. No tratamento A, registou-se uma redução de 55,08%, ou seja, a concentração inicial de 215,01mg/kg foi reduzida para 96,59mg/kg. Para o tratamento B, a concentração inicial de 220,42mg/kg reduziu-se para 121,98mg/kg, resultando numa redução de 44,66%. Para o tratamento AB, a concentração inicial de 218,78mg/kg foi reduzida para 53,92mg/kg, o que corresponde a uma redução de 75,35%. Para o controlo, verificou-se uma redução de 1,83%, ou seja, a concentração inicial de 222,98mg/kg foi reduzida para uma concentração final de 218,89mg/kg. O tratamento AB registou a taxa de redução mais elevada. A Figura 4.10 mostra as alterações na concentração de bário no solo contaminado durante o estudo.

Cádmio: - Verificou-se uma redução global na concentração de cádmio em relação aos vários tratamentos (A, B, AB e Controlo). Para o tratamento A, a concentração de cádmio reduziu-se de uma concentração inicial de 22,27mg/kg no dia 0 para uma concentração final de 10,26mg/kg no dia 63. Isto correspondeu a uma redução de 53,93% na concentração de cádmio. Para o tratamento B, a concentração inicial de 22,18mg/kg reduziu-se para 11,98mg/kg no dia 63, o que resultou numa redução de 45,99%. Para o tratamento AB, a concentração inicial de 23,17mg/kg diminuiu para 8,38mg/kg, que é a concentração final, resultando numa redução de 63,83%. A concentração inicial da preparação de controlo era de 23,98mg/kg, tendo sido reduzida para 23,52mg/kg, o que resultou numa redução de 1,91%. A Figura 4.11 mostra as alterações na concentração de cádmio no solo contaminado durante o estudo.

Chumbo: - As concentrações iniciais de chumbo dos tratamentos A, B, AB e Controlo reduziram-se de 22,27mg/kg, 22,18mg/kg, 22,17mg/kg e 21,98mg/kg para 9,16mg/kg, 13,01mg/kg, 4,41mg/kg e 19,97mg/kg, respetivamente. Isto resultou numa redução de 58,87% para o tratamento A, 41,34% para o tratamento B, 80,11% para o tratamento AB e 9,14% para o controlo. O tratamento AB registou o melhor crescimento. A Figura 4.12 mostra as alterações na concentração de chumbo no solo contaminado durante o estudo.

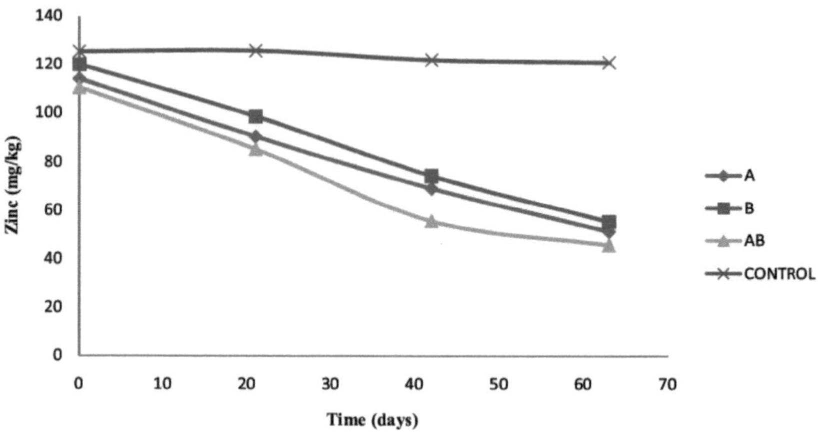

Fig.4.8. Alterações na concentração de zinco no solo contaminado durante o estudo.

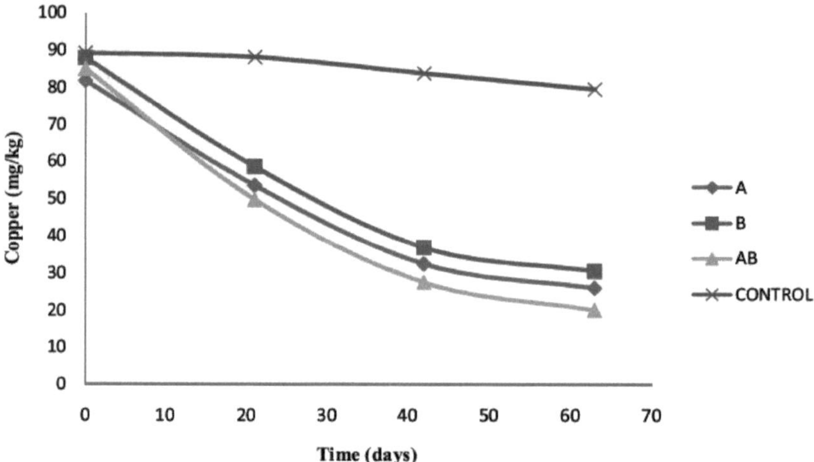

Fig.4.9. Alterações na concentração de cobre no solo contaminado durante o estudo.

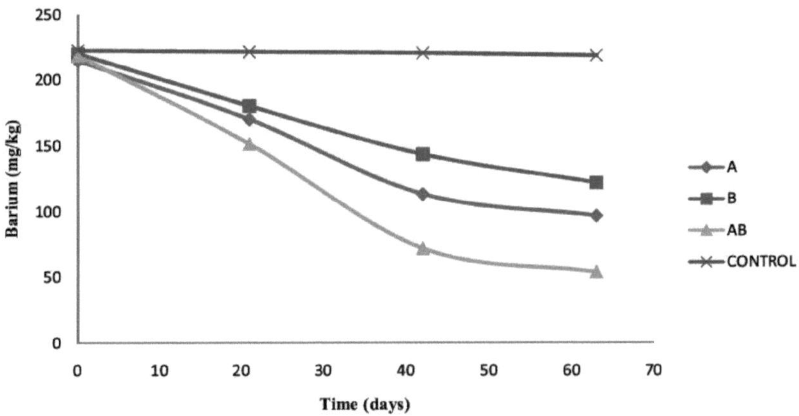

Fig.4.10. Alterações na concentração de bário no solo contaminado durante o estudo.

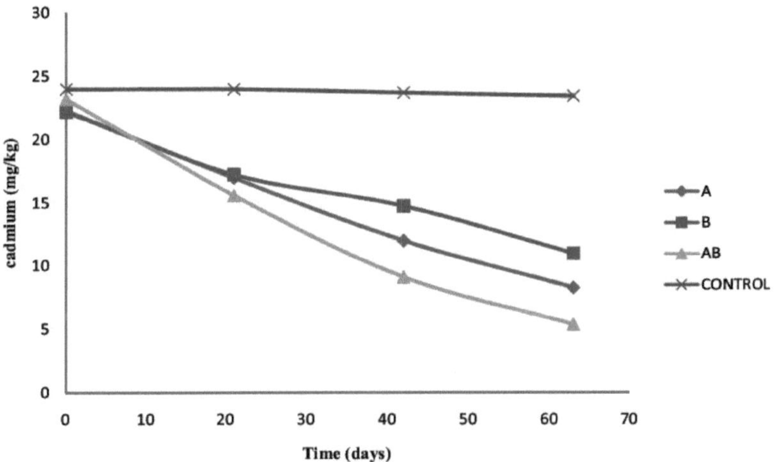

Fig.4.11. Alterações na concentração de cádmio no solo contaminado durante o estudo.

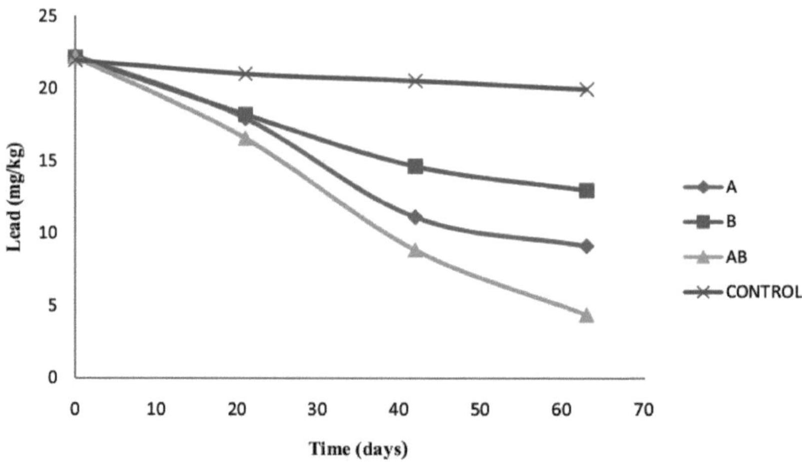

Fig.4.12. Alterações na concentração de chumbo no solo contaminado durante o estudo.

4.1.5 Percentagem de perdas totais de hidrocarbonetos de petróleo e teor residual de TPH

Registou-se uma diminuição do teor de TPH em cada uma das instalações experimentais. No tratamento A, a concentração inicial de 58585mg/kg no dia 0 diminuiu para 8055mg/kg no dia 63, dando uma percentagem de perda total de TPH de 86,25%. No tratamento B, a concentração inicial de 58845mg/kg no dia 0 diminuiu para 10637mg/kg no dia 63, dando uma percentagem de perda de TPH de 81,92%. No dia 0, a concentração inicial do tratamento AB, que era de 57122mg/kg, reduziu-se para 1098mg/kg no dia 63rd , dando uma percentagem de perda total de TPH de 98,08%. Para o controlo, a concentração inicial de 59205mg/kg reduziu-se para 56215mg/kg no dia 63, dando uma percentagem de perda total de TPH de 5,05%. A figura 4.13 mostra o teor de hidrocarbonetos residuais nos diferentes tratamentos durante o período da experiência.

4.1.6 Resultados das contagens microbianas

As contagens microbianas avaliadas nas amostras não tratadas (controlo) e nas amostras tratadas (remediadas) revelaram que as lamas contaminadas à base de petróleo continham microrganismos indígenas até $2,85 \times 10^4$ cfu/ml para as contagens totais de bactérias heterotróficas e $9,0 \times 10^3$ cfu/ml para as contagens totais de fungos, como mostra a Tabela 4.1.

Durante o processo de degradação de nove semanas, foram observadas diferentes tendências nas contagens totais de bactérias heterotróficas e nas contagens totais de fungos heterotróficos analisados nas diferentes amostras tratadas e de controlo. A Figura 4.14 mostra as contagens totais de bactérias heterotróficas (THB). Verificou-se um aumento geral em todos os tratamentos, mas o tratamento A registou a contagem bacteriana heterotrófica total mais elevada de $2,65 \times 10^7$ cfu/g. A Figura 4.15 representa as contagens totais de fungos (THF) em todos os tratamentos, incluindo o controlo, durante as nove semanas de bioremediação. As contagens de THF em todas as amostras tratadas com fungos, A, B e AB, aumentaram de 10^3 cfu/g no dia 0 para 10^5 cfu/g no dia 63. O tratamento AB registou a maior contagem total de fungos (THF) de $2,32 \times 10^5$ cfu/g.

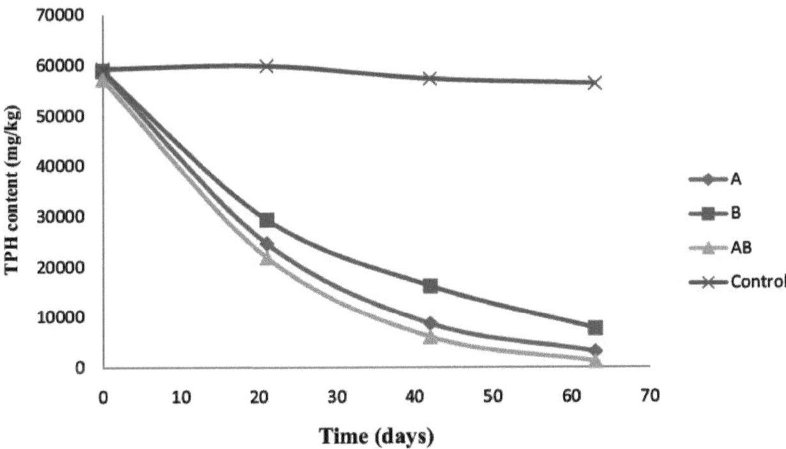

Fig.4.13. Teor de hidrocarbonetos residuais nos diferentes tratamentos durante o período da experiência

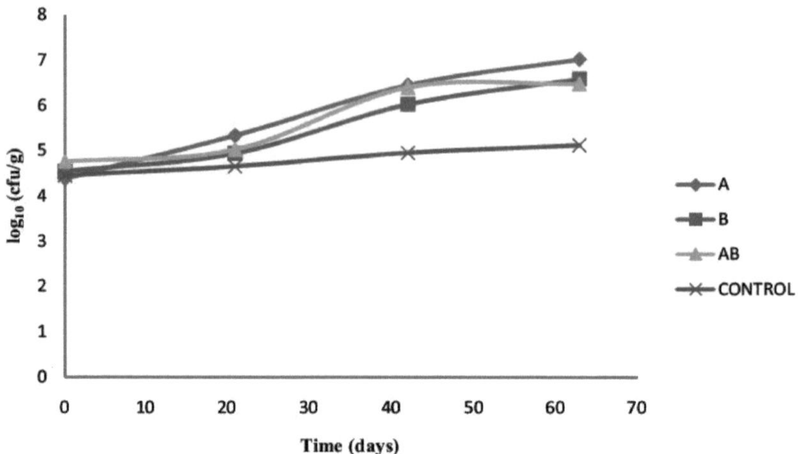

Fig.4.14. Contagens de bactérias heterotróficas totais (THB) obtidas a partir de diferentes opções de tratamento.

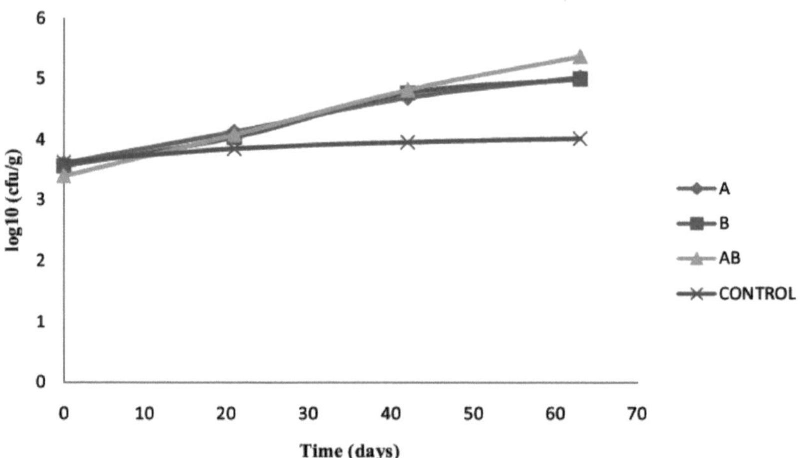

Fig. 4.15. Contagens de fungos heterotróficos totais (THF) obtidas a partir de diferentes opções de tratamento.

4.1.7 Resultados sobre a acumulação de metais pesados em corpos de fruto de cogumelos colhidos

Os resultados da acumulação de metais pesados nos corpos frutíferos dos cogumelos do primeiro fluxo são apresentados no Quadro 4.4.

4.1.8 Resultados do ensaio de fitotoxicidade dos solos remediados

4.1.8.1 Potencial de germinação das sementes

Após três dias de plantação das sementes de milho (*Zea mays var.indentata'*), para o solo não tratado, das dez plântulas que foram semeadas, apenas três germinaram, o que resulta num efeito de 30% no potencial de germinação das sementes. Pelo contrário, para o solo remediado, A, B e AB, todas as dez sementes germinaram, resultando num efeito de 100% no potencial de germinação das sementes, o que indica que os solos remediados apresentaram 0% de toxicidade para a germinação das sementes. O solo não contaminado apresentou um potencial de sementes de 70%.

4.1.8.2 Resultados sobre o impacto do produto final da despoluição no crescimento das plantas

A avaliação comparativa da altura da planta, do comprimento da raiz, da circunferência do caule, da largura e do comprimento das folhas é apresentada no Apêndice G. Relativamente à altura da planta, a média da altura do *Zea mays* cultivado no solo não tratado foi de 28 cm, enquanto a média da altura mais elevada no solo tratado foi de 59,25 cm.

4.1.8.3 Resultados da análise de metais pesados na planta colhida

Após 28 dias de ensaio de fitotoxicidade, os resultados mostraram a presença de metais pesados nas plantas. A Tabela 4.5 mostra os metais pesados presentes na planta colhida de cada um dos tratamentos e comparados com a norma W.H.O (1996).

Quadro 4.4: Acumulação de metais pesados nos corpos frutíferos dos cogumelos colhidos

Parâmetros	Tratamento A	Tratamento B	Tratamento AB
Zinco, mg/kg	60.01	63.79	65.96
Cobre, mg/kg	45.11	56.74	63.76
Bário, mg/kg	112.24	96.76	161.21
Cádmio, mg/kg	13.21	9.17	17.06
Chumbo, mg/kg	12.74	7.73	16.53

Quadro 4.5: Concentrações (mg/kg) dos metais pesados nas plantas colhidas de diferentes tratamentos

Parâmetros	Planta (tratamento A)	Planta (tratamento B)	Instalação (tratamento AB)	Solo não tratado	Solo não contaminado	Norma da OMS
Zinco, mg/kg	18.64	19.1	12.64	51.55	4.02	99.40
Cobre, mg/kg	5.11	6.74	3.26	18.64	ND	10
Bário, mg/kg	0.029	0.022	0.014	0.052	ND	-
Cádmio, mg/kg	ND	ND	ND	0.461	ND	0.2
Chumbo, mg/kg	0.012	0.018	0.006	6.73	ND	2

**ND- Não detectado **OMS- Organização Mundial de Saúde

A: *Pleurotus ostreatus*

B: *Pleurotuspulmonarius*

AB: *Pleurotus ostreatus* + *Pleurotuspulmonarius*

4.2 Observação estatística

Os resultados da análise de variância (ANOVA) indicam que existe uma diferença significativa ($p < 0,05$) entre os diferentes tratamentos e o controlo na condutividade, carbono orgânico total, azoto total, zinco, bário, cádmio e hidrocarbonetos totais de petróleo ao longo do período de estudo. Indica também que não houve diferença significativa ($p > 0,05$) entre os diferentes tratamentos e o controlo nas contagens microbianas, ou seja, contagem total de bactérias e fungos heterotróficos, pH, fósforo disponível, cloreto, cobre e chumbo durante todo o período de estudo.

A partir dos resultados, a hipótese nula que afirma que não há diferença significativa entre os parâmetros medidos no solo contaminado quando tratado com fungos e quando deixado a sofrer degradação natural (controlo) pode ser rejeitada para a condutividade, o carbono orgânico total, o azoto total, o zinco, o bário, o cádmio e os hidrocarbonetos totais de petróleo.

4.3 Discussão

Os potenciais de biodegradação de *Pleurotus ostreatus* e *Pleurotus pulmonarius* em solo contaminado com lama de perfuração à base de óleo usado foram determinados durante um período de 63 dias com o objetivo de estabelecer estes fungos como bons agentes biorremediadores e introduzir a micoremediação como uma opção de tratamento alternativa para resíduos de perfuração. A partir das características de base, o tipo de constituintes inorgânicos e hidrocarbonetos encontrados na lama de perfuração utilizada neste estudo foram consistentes com o relatório de Gbadebo *et al.*, (2010), mas com concentrações variáveis.

As contagens totais de bactérias heterotróficas (THB) no solo poluído antes da degradação estavam na faixa de $2,26x10^4$ -$2,89x10^4$ cfu/g, enquanto as contagens totais de fungos (THF) estavam na faixa de $4,1x10^3$ - $4,25x10^3$ cfu/g (Apêndice C). Foi observado (Forsyth *et al.*, 1995) que a biodegradação não ocorreu quando a população de microrganismos capazes de degradar os contaminantes alvo era inferior a 10^5 ufc/g de solo. Os resultados da análise de variância (Anexo H) mostraram que não houve diferença significativa (p>0,05) nas contagens totais de bactérias heterotróficas (THB) e de fungos (THF) nos diferentes tratamentos ao longo do período de estudo. Isto significa que a taxa de multiplicação dos microrganismos não foi tão pronunciada à medida que os dias aumentaram.

Os valores de hidrocarbonetos totais de petróleo da lama de perfuração utilizada neste estudo são superiores aos valores de 50.000 mg/kg recomendados pelo DPR (1991) para os resíduos de perfuração e lama à base de petróleo permitidos no ambiente. A análise GC-FID do solo OBM revelou que a concentração inicial de hidrocarbonetos petrolíferos totais (TPH) no solo era de 58585-59205 mg/kg. O cromatograma do gás (Anexo I) mostrou que os comprimentos de cadeia presentes no solo contaminado eram C8-C40. Parece, no entanto, que não houve uma utilização selectiva das diferentes fracções de TPH, uma vez que se observou uma redução em todos os tratamentos, em graus variáveis. Os cromatogramas gasosos das fracções de TPH degradadas (Apêndice I), que mostravam concentrações relativamente elevadas no início da experiência, revelaram que estes constituintes foram todos reduzidos em graus variáveis durante o período de estudo. Isto é uma indicação de que a espécie *Pleurotus* em estudo possui uma ampla capacidade enzimática para a degradação de hidrocarbonetos de petróleo bruto (Asgher, *et al.*, 2008). A perda de TPH de 98,08% pelo consórcio, quando comparada com 86,25% de perda por *P. ostreatus* e 81,92% de perda por *P.pulmonarius,* mostrou que o consórcio é mais eficaz do que as espécies individuais. A ANOVA indicou que houve diferença significativa (p<0,05) entre os diferentes tratamentos e o controlo, mas, o teste Post Hoc de comparações múltiplas (Anexo I) revelou que não houve diferença significativa (p<0,05) na redução de TPH no solo contaminado entre os tratamentos. Isto mostrou, portanto, que estas espécies seleccionadas têm aplicações potenciais na biorremediação de solos poluídos com lamas à base de petróleo. Isto está em conformidade com Aust *et al.* (2003) que referiram que os fungos da podridão branca podem suportar níveis tóxicos da maioria dos organopoluentes. Thouand, (1990) também demonstrou que os fungos são capazes de crescer de forma óptima na presença de contaminantes nocivos e são capazes de desintoxicar esses contaminantes.

Neste estudo, observou-se que o carbono orgânico, o azoto e o fósforo eram adequados para o início da biodegradação dos contaminantes e as suas várias concentrações diminuíram durante o período de incubação. (Apêndice C-F).

A partir do estudo, o pH desempenhou um papel vital no processo de biodegradação do solo contaminado com fluido de perfuração. Observou-se que o pH do solo contaminado com petróleo bruto diminuiu após a introdução de *P.pulmonarius* e *P.ostreatus.* Os valores de pH diminuíram com o aumento do período de incubação. A redução do pH indicou que as contagens microbianas aumentaram no solo após a introdução dos fungos da podridão branca. Adenipekun e Fasidi, (2005) observaram uma diminuição do valor do pH de 6,90 para 6,62 e finalmente para 6,25 após 3 e 6 meses de incubação, respetivamente, com *Lentinus subnudus,* um fungo de podridão branca da Nigéria. A gama de pH de 8,08 a 5,65 utilizada por estes fungos de podridão branca *P.pulmonarius* e *P.ostreatus* favoreceu a sua biodegradação. Este facto é apoiado por Sarker *et al.* (2006), que referiram que as enzimas de degradação da lenhina (lacase e outras peroxidases) segregadas por fungos de podridão branca são conhecidas por funcionarem melhor a pH baixo, por vezes tão baixo como pH 3,5.

Duas áreas principais de preocupação no que diz respeito à eliminação de lamas de perfuração e de aparas são a condutividade eléctrica e o possível teor de metais pesados dos resíduos (Growcock, 2002; Curtis, 2001). As concentrações destes materiais, juntamente com a concentração total de hidrocarbonetos de petróleo, constituem a base de muitos regulamentos de eliminação. A condutividade eléctrica elevada e a alta concentração de salinidade nos solos agrícolas podem resultar na redução do crescimento e da produtividade das plantas ou, em casos extremos, na eliminação das culturas e da vegetação nativa (Corwin e Lesch, 2005). Neste estudo, verificou-se uma diminuição da condutividade e das concentrações de salinidade durante o período de tratamento. A redução da condutividade eléctrica (36,66%, 22,63%, e 53,40%) e do cloreto (32,53%, 26,10% e 46,49%) por *P.ostreatus, P.pulmonarius* e o consórcio, respetivamente, é um desenvolvimento positivo porque demonstra que os cogumelos podem alterar a salinidade do solo contaminado. Também os resultados do presente estudo sobre o excelente crescimento das culturas plantadas nos solos remediados foram indicadores de um nível de salinidade do solo aceitável para o crescimento das plantas.

Os resultados deste estudo indicaram que os cogumelos dos diferentes tratamentos acumularam metais pesados nos seus corpos de fruto (quadro 4.4). Foi relatada a bioacumulação de metais, tais como cádmio, césio e zinco por vários fungos (Gadd, 2001). O solo contaminado com lama de perfuração à base de óleo usado durante 63 dias, neste estudo, mostrou uma redução do zinco, cobre, cádmio, bário e chumbo. O aumento dos metais pesados no solo resultou da contaminação com lamas de perfuração usadas. Verificou-se uma diferença significativa ($p<0,05$) entre os diferentes tratamentos e o controlo. Isto foi observado a partir do resultado obtido da análise do solo para metais pesados antes e depois da utilização de fluido de perfuração para contaminar o solo (Anexo C-F). Os resultados obtidos indicaram que foram registados mais metais pesados depois de a lama à base de óleo ter sido adicionada ao solo. A partir deste estudo, o aumento da acumulação de metais pesados pelos dois fungos de podridão branca à medida que a incubação aumentava do dia 0 para o dia 63 é semelhante às conclusões de Adenipekun *et al.* (2011b), segundo as quais, em solo poluído com cimento, solo poluído com resíduos de baterias e solo poluído com óleo preto, um aumento do período de incubação resultou numa diminuição geral do teor de todos os metais pesados quando incubado com *P.pulmonarius*.

A partir dos resultados do ensaio de fitotoxicidade, após três dias de plantação das sementes de milho

{Zea mays var.indentata), observou-se um atraso na germinação (30% do potencial de germinação das sementes) das sementes plantadas no solo não tratado, quando comparadas com as plantadas no solo tratado e não contaminado, que produziram 100% e 70% do potencial de germinação das sementes. Isto pode ser o resultado da condutividade elevada, da alta salinidade e de outros contaminantes ainda presentes no solo não tratado. Os resultados (Anexo G) mostraram que os atributos de crescimento vegetativo da planta de milho foram mais prolíficos no solo tratado e não contaminado do que no solo não tratado após 28 dias de cultivo. Isto indica claramente que a poluição do solo por lamas de perfuração à base de petróleo usadas pode impedir o crescimento e o metabolismo das plantas de milho. Os resultados do estudo mostram claramente que a micoremediação pode transformar o solo contaminado com lama de perfuração à base de petróleo usado em solo arável; capaz de suportar a germinação de sementes e o crescimento das plantas e isto ultrapassa o desempenho do controlo (solo não tratado). Isto indica, portanto, que a utilização de *P.ostreatus* e *P.pulmonarius* como um bom agente biorremediador para a degradação de hidrocarbonetos em resíduos de perfuração converte estes resíduos em produtos finais não tóxicos.

Os resultados (quadro 4.5) da análise de metais pesados efectuada nas plantas colhidas após 28 dias, mostraram que as plantas estavam abaixo dos limites máximos permitidos (OMS, 1996) para plantas. Isto indica que a cultura é aceitável para consumo.

CAPÍTULO 5

5.0 CONCLUSÕES E RECOMENDAÇÕES

5.1 Conclusão

É evidente a partir deste estudo que os consórcios de fungos têm um potencial biodegradativo mais eficiente para degradar contaminantes de hidrocarbonetos do que as espécies individuais, uma vez que foi relatado que os sistemas de consórcios oferecem vantagens sobre as culturas individuais, uma vez que envolvem os efeitos combinados e indutivos de várias enzimas que podem funcionar sinergicamente (Okoh, 2006). Os resultados do estudo também revelaram o potencial de biodegradação dos dois fungos de podridão branca, *Pleurotus ostreatus* e *Pleurotus pulmonarius,* para degradar os hidrocarbonetos totais de petróleo no contaminante e para acumular os metais pesados presentes nos mesmos, melhorando assim o solo para uma boa produtividade das culturas. Na procura de métodos económicos e ecológicos para a recuperação ambiental e a gestão rentável de resíduos, a utilização de cogumelos é uma abordagem e uma solução muito boas.

5.2 Recomendações

i. Os resultados deste estudo podem ser adoptados pelas empresas de gestão de resíduos de exploração e produção (E&P) no tratamento de resíduos de perfuração, especialmente as lamas de perfuração à base de petróleo, para reduzir os custos, a energia e a poluição associados aos métodos de tratamento térmico.

ii. A investigação adicional utilizando métodos moleculares modernos de análise pode ser aplicada na identificação dos principais genes que codificam as enzimas segregadas pelos fungos para degradação

iii. Recomenda-se a realização de estudos de campo em grande escala para verificar os resultados dos ensaios à escala real

REFERÊNCIAS

Abu, G.O. e Atu, N.D. (2007). Uma investigação da limitação de oxigénio em modelos de microcosmos na biorremediação de um ecossistema típico do solo do Delta do Níger afetado por petróleo bruto. *Journal ofAppliedScience in Environmental Management,* 12(1): 13-22.

Adenipekun, C.O, Ejoh, E.O., Ogunjobi, A.A. (2011a). Biorremediação de solos contaminados com fluidos de corte por *Pleurotus tuber-regium. Environmentalist.* 32:11-18.

Adenipekun, C.O., Ogunjobi, A.A., Ogunseye, O.A. (2011b). Gestão de solos poluídos por um fungo de podridão branca, *Pleurotus pulmonarius. Jornal da Universidade de Tecnologia da Assunção,* 15(1):57-61.

Adenipekun, C.O. e Isikhuemhen, O.S. (2008). Bioremediação de solo poluído com óleo de motor pelo fungo tropical de podridão branca, *Lentinus squarrosulus. Jornal Paquistanês de Ciências Biológicas,* 11(12):1634-1637.

Adenipekun, C.O. e Fasidi, I.O. (2005). Bioremediação de solos poluídos com petróleo por *Lentinus subnudus,* um fungo nigeriano de podridão branca. *Jornal Africano de Biotecnologia,* 4(8):796- 798.

Adoki, A. e Orugbani, T. (2007). Remoção de hidrocarbonetos de petróleo bruto por bactérias heterotróficas em solo alterado com efluentes de fábricas de fertilizantes azotados. *AfricanJournalofBiotechnology,* 6(13): 1529-1535.

Amadi, A., Esson, D.D. e Maate, G.O. (1993). Remediação de solos poluídos com petróleo: efeito de suplementos de nutrientes orgânicos e inorgânicos no desempenho do milho *{Zea mays').* *Journal ofAir, Soil and WaterPollution,* 66: 59-76.

Antai, S.P. (1990). Biodegradação do petróleo bruto leve de Bonny por *Bacillus* sp e *Pseudomonas* sp. *Journal of Waste Management,* 10(1): 61- 64.

Arica, M.Y., Arpa, C., Kaya, B., Bektas, S., Denizilli, A. e Gene, O. (2003). Biossorção comparativa de iões de mercúrio de sistemas aquáticos por *Trametes versicolor* e *Pleurotus sajo-caju imobilizados,* vivos e inactivados pelo calor. *Bioresource Technology,* 89(2):145-154.

Asgher, M., Bhatti, H.N., Ashraf, M. e Legge, R.L. (2008). Desenvolvimentos recentes na biodegradação de poluentes industriais por fungos de podridão branca e seu sistema enzimático. *Biodegradação.* 19:771-783.

Associação dos Químicos Analíticos Oficiais (AOAC). (2003). *Methods of Analysis,* Washington, D.C.

Atlas, R.M. e Bartha, R. (1972). Biodegradação de hidrocarbonetos e biorremediação de derrames de petróleo. *Ecologia Microbiológica Avançada,* 12:287-338.

Atlas, R.M. (1981). Degradação microbiana de hidrocarbonetos de petróleo: uma perspetiva ambiental. *MicrobiologyReview,* 45:180-209.

Aust, S.D., Swanner, P.R. e Stahl, J.D. (2003). Detoxificação e metabolismo de produtos químicos por fungos da podridão branca. In: *Pesticide decontamination and detoxification (Descontaminação e desintoxicação de pesticidas).* Washington, D. C.: OxfordUniversity Press, pp. 3-14.

Ayotamuno, M.J., Kogbara, R.B. e Hart, B.A. (2006). O efeito combinado de oxigénio, água e nutrientes na remediação de um solo agrícola poluído com petróleo. *JournalofEngineering,* 16(2): 119-134.

Babu, R.J., Chatterjee, A. e Singh, M. (2004). Assessment of Skin Irritation and Molecular Responses in Rat Skin Exposed to Nonane, Dodecane and Tetradecane. *Toxicology Letters,* 153:255-266.

Barr, D. e Aust, S.D. (1994). Mecanismos que os fungos da podridão branca utilizam para degradar os poluentes. *Ciência e Tecnologia Ambiental,* 28:79-87.

Bashat, H. (2003). Managing Waste in Exploration and Production Activities of the Petroleum Industry (Gestão de resíduos nas actividades de exploração e produção da indústria petrolífera). *The 4th International Conference & Exhibition for Environmental Technologies,* Cairo, Egipto, pp.56

Bennett, J.W., Connick, W.J., Daigle, D. e Wunch, K. (2001). Formulação de fungos para bioremediação in situ. In: *Fungi in Bioremediation,* G.M. Gadd, ed., Cambridge University Press, Cambridge, pp. Cambridge University Press, Cambridge, pp. 97-112.

Boehm, P.D., Turton, D., Ravel, A., Caudle, French, D., Rabalais, N., Spies, R. e Johnson, J. (2001). Deepwater Program: Literature Review, Environmental Risks of Chemical Products Used in Gulf of Mexico Deepwater Oil and Gas Operations. *Vol.*

1. Relatório técnico. Estudo OCS MMS 2001-011. Departamento do Interior dos EUA, Serviço de Gestão de Minerais, Região OCS do Golfo do México, Nova Orleães, LA.

Bojan, B.W., Lamar, R.T., Burjus, W.D. e Tien, M. (1999). Extensão da humificação de antraceno, fluoranteno e adbenzo (a) pireno por *Pleurotus ostreatus* durante o crescimento em solos contaminados com PAH. *Cartas em Microbiologia Aplicada,* 28:250-254.

Burke, C.J. e Veil, J.A. (1995). Potential Environmental Benefits from Regulatory Considerations of Synthetic Drilling Muds (Benefícios Ambientais Potenciais de Considerações Regulamentares de Lamas de Perfuração Sintéticas). *Preparado para o Departamento de Energia dos EUA, Gabinete de Políticas.* Contrato nº W-31-109-ENG-38. 29pp.

Cauchi, G. (2004). *Skin Rashes with Oil-Base Mud Derivatives (Erupções cutâneas com derivados de lama à base de petróleo).* SPE 86865, SPE International Conference on Health, Safety, and Environment in Oil and Gas Exploration and Production, Calgary, pp 29-31.

Chang, S.T. e Miles, P.G. (1992). Mushrooms: Cultivation, Nutritional Value, Medicinal Effect, and Environment Impact (Cultivo, Valor Nutricional, Efeito Medicinal e Impacto Ambiental). *CRC Press.* Boca Raton, pp.415 .

Chikere, C. B., Okpokwasili, G. C. e Chikere, B. O. (2009). Diversidade bacteriana num solo tropical poluído com petróleo bruto submetido a bioremediação. *Jornal Africano de Biotecnologia,* 8(11): 2535-2540.

Cole, M.G. (1994). Assessment and Remediation of Petroleum Contaminated Sites (Avaliação e Remediação de Locais Contaminados por Petróleo), *CRC Press.* Boca Raton, FL. 63pp

Corwin, D.L e Lesch, S.M. (2005). *Medições da condutividade eléctrica aparente do solo na agricultura.* Computadores e Eletrónica na Agricultura, 46:11-4

Coussot, P., Bertrand, F. e Herzhaft, B. (2004). Comportamento reológico de lamas de perfuração, caraterização usando visualização por ressonância magnética. *Ciência e Tecnologia do Petróleo e Gás,* 1:23-29.

CSA (Continental Shelf Associates, Inc.). (2004). *Programa abrangente de monitorização de lamas de base sintética no Golfo do México.* Relatório para o Synthetic Based Mud Research Group, American Petroleum Institute, Washington, DC e Minerals Management Service, New Orleans, L.A.

Curtis, G.W. (2001). Podem as lamas de base sintética ser concebidas para melhorar a qualidade do solo? In: *Conferência Nacional de Perfuração da AADE sobre Tecnologia de Perfuração,* Houston, Texas, EUA.

Dalbey,W.E. e Biles, R.W. (2003). Toxicologia respiratória de óleos minerais em animais de laboratório. *Applied Occupational Environmental Hygiene,* 18: 921-929.

Departamento de Saúde, Governo da Austrália do Sul (DHGSA). (2009). *Ficha de Saúde Pública sobre Hidrocarbonetos Aromáticos Policíclicos (PAHs'f.).* Efeitos na saúde.

Departamento de Recursos Petrolíferos (DPR). (2002). *Directrizes e normas ambientais para a indústria petrolífera na Nigéria (EGASPIN)*. Ministério do Petróleo e dos Recursos Naturais; Abuja, Nigéria, p. 314.

Ebuehi, O.A.T., Abibo, I.B., Shekwolo, P.D., Sigismund, K.T., Adoki, A. e Okoro, I.C. (2005). Remediação de solos poluídos com petróleo bruto através de atenuação natural melhorada. *JournalofAppliedScience and Environmental Management,* 9(1): 103- 106.

Eide, I. (1990). A Review of Exposure Conditions and Possible Health Effects Associated with Aerosol and Vapour from Low-Aromatic Oil-Based Drilling Fluids (Revisão das Condições de Exposição e Possíveis Efeitos na Saúde Associados a Aerossóis e Vapores de Fluidos de Perfuração à Base de Petróleo de Baixo Teor Aromático). *Applied OccupationalEnvironmentalHygiene,* 32: 149-157.

Emuh, F.N. (2010). Cogumelo como purificador de solo poluído com petróleo bruto. *Revista Internacional de CiênciaNatureza,* 1(2):127-132.

Agência de Proteção do Ambiente (EPA). (2008). *An Assessment of the Environmental Implications of OH and Gas Production: A Regional Case Study.*

Gadd, G.M. (2001). Transformação de metais. In: *Fungi in Bioremediation.* Gadd G. M (Eds.) Cambridge: Cambridge University Press, pp. 358-383.

Gbadebo, A.M., Taiwo, A.M. e Eghele, U. (2010). Impactos ambientais da lama de perfuração e dos resíduos de corte dos poços de petróleo em terra de Igbokoda, no sudoeste da Nigéria. *IndianJournal ofScience and Technology.* 3(5):504 -510.

Getliff, J.M., Bradbury, A.J., Sawdon, C.A., Candler, J.E. e Loklingholm, G. (2000). Can advances in drilling fluid design further reduce the environmental effects of water and organic-phase drilling fluids?, *documento SPE 61040 apresentado na Quinta Conferência Internacional da SPE sobre Saúde, Segurança e Ambiente,* Stavanger, Noruega.

Goering, P.I., Waalkes, M.P. e Klaassen, C.D. (1994). Toxicologia dos metais. In: goyerra e Cherianmg (eds.) *Handbook of experimental pharmacology.* Springer, Nova Iorque. 115: 189.

Greaves, LA., Eisen, E.A., Smith, T.J., Pothier, L.J., Kriebel, D., Woskie, S.R., Kennedy, S.M., Shalat, S. e Monson, R.R. (1997). Saúde Respiratória de Trabalhadores do Sector Automóvel Expostos a Aerossóis de Fluidos de Trabalho em Metal: Sintomas respiratórios. *American Journal ofIndustrial Medicine* 32: 450-459.

Growcock, F.B. (2002). Designing Invert Drilling Fluids to Yield Environmentally Friendly Drilled Cuttings. SPE 74474,1ADC/SPE Drilling Conference, Dallas, Texas, EUA.

Hamman, S. (2004). Capacidades de biorremediação de fungos de podridão branca. *Biodegradação,* 52:1-5.

Haritash, A.K. e Kaushik, C.P. (2009). Aspectos de biodegradação de hidrocarbonetos aromáticos policíclicos (PAHs): A review, *Journal ofHazardous Materials,* 169:1-15.

Haus, F., Boissel, O. e Junter, G.A. (2003). Modelação por regressão múltipla da biodegradabilidade de óleos minerais de base com base nas suas propriedades físicas e composição química global. *Chemosphere.* 50:939-948.

Hess, R. e Schmid, B. (2002). A sobredosagem de suplementos de zinco pode ter efeitos tóxicos. *Journal ofPaediatrics, Haematology and Oncology,* 24: 582-584.

Hitivani, N. e Mees, L. (2003). Efeitos de certos metais pesados no crescimento, descoloração de corantes e atividade enzimática de *Lentinula edodes. Ecotoxicologia e segurança ambiental,* 55(2):199-203.

Hongwei, Y., Zhanpeng, J. e Shaoqi, S. (2004). *Science of the Total Environment.* 322:209-219.

Humer, M., Bokan, M., Amartey, S.A., Sentijure, M., Kalan, P. e Pohleven, F. (2004).

Biorremediação fúngica de madeira tratada com cobre, crómio e boro, estudada por ressonância pragmática de electrões. *International Biodeterioration and Biodegradation,* 53:25-32.

ffeadi, C.N., Nwankwo, J.N., Ekaluo, A.B. e Orubima, I.I. (1985). Treatment and disposal of drilling muds and cuttings in the Nigerian petroleum Industry (Tratamento e eliminação de lamas de perfuração e detritos na indústria petrolífera nigeriana). In: The Petroleum Industry and the Nigerian Environment. *Actas do Seminário Internacional de 1985. Semin,* pp. 55-80. NigerianNational Petroleum Corporation, Lagos.

Associação Internacional de Produtores de Petróleo e Gás. (2003). Environmental aspects of the use and disposal of non aqueous drilling fluids associated with offshore oil & gas operations. Londres (Reino Unido): OGP. *Relatório 342.*

Isikhuemhen, O.S., Anoliefo, G. e Oghale, O. (2003). Bioremediação de solo poluído com petróleo bruto pelo fungo da podridão branca, *Pleurotus tuber-regium. Environmental Science and Pollution Research,* 10:108-112.

Joel, O.F. e Amajuoyi, C.A. (2009). Determinação de parâmetros físico-químicos seleccionados e metais pesados numa lixeira de corte de perfuração em Ezeogwu-Owaza, Nigéria. *Journal ofApplied Science and Environmental Management,* 13(2):27- 31.

Juwarkar, A., Singh, S. e Mudhoo, A. (2010). Uma visão abrangente dos elementos na bioremediação. *Revisões de Ciência Ambiental e Biotecnologia,* 9, 215-288.

Khodja, M. (2008). Fluido de perfuração: Performance Study and Environmental Consideration, *Tese do* Instituto Nacional Politécnico, Toulouse, França

Lal, B. e Khanna, S. (1996). Degradação de petróleo bruto por Acinetobacter calcoaceticus e Alcaligenes odorans, *Journal of AppliedBacteriology,* 81, 355-362.

Lau, K.L., Tsang, Y.Y. e Chiu, S.W. (2003). Utilização de composto de cogumelos usados para biorremediar amostras contaminadas com PAH. *Chemosphere,* 52:1539-46.

Lawton, J.H. e Jones, C.G. (1995). Ligando as espécies e os ecossistemas: os organismos como engenheiros dos ecossistemas. In: *Linking Species and Ecosystems,* C.G. Jones e J.H. Lawton, eds. Chapman & Hall, Nova Iorque. pp. 141-150.

Levin, L., Viale, A. e Forchiassin, A. (2003). Degradação de poluentes orgânicos pelo basidiomiceto de podridão branca, *Trametes trogii. International Biodeterioration & Biodegradation,* 52(1):1-5.

Malik, A. (2004). Biorremediação de metais através de células em crescimento. *Ambiente Internacional,* 30:261-278.

Margesin, R. e Schinner, F. (2001). Biorremediação (Atenuação Natural e Bioestimulação) de Solo Contaminado com Óleo Diesel numa Área de Esqui dos Glaciares Alpinos. *Applied and Environmental Microbiology,* 67(7):3127-3133

McMillen, S.J., Smart R., Bernier R. e Hoffman, R.E. (2004). *Bio-tratamento de resíduos de E e P: lições aprendidas de 1992 a 2003.* Documento apresentado na SPE 7th International conference on health, safety and environment in oil and gas exploration and production. Calgary, Alberta, Canadá.

Melton, H.R., Smith, J.P., Mairs, H.L., Bernier, R.F., Garland, E., Glickman, A.H., Jones, F.V., Ray, J.P., Thomas, D. e Campbell, J.A. (2004). *Environmental aspects of the use and disposal of non aqueous drilling muds associated with offshore oil & gas operations (Aspectos ambientais da utilização e eliminação de lamas de perfuração não aquosas associadas a operações offshore de petróleo e gás).* SPE 86696. Apresentado na 7ª Conferência Internacional da SPE sobre Saúde, Segurança e Ambiente na Exploração e Produção de Petróleo e Gás. Calgary, AB, Canadá. Richardson (TX): Society of Petroleum Engineers, p 1-10.

Morillon, A., Vidalie, J.F., Hamzah, U.S., Suripno e Hadinota, E.K. (2002). *Drilling and Waste management,* SPE 73931, Conferência Internacional sobre Saúde, Segurança e Ambiente na exploração e produção de petróleo e gás.

Mulligan, C.N. e Galver-Cloutier. R. (2003). Bioremediação de contaminantes metálicos. *Avaliação da monitorização ambiental,* 84(1-2):45-60.

Neff, J.M. (2005). Composition, environmental fates, and biological effect of water based drilling muds and cuttings discharged to the marine environment: *A synthesis and annotated bibliography.* Relatório preparado para o Petroleum Environmental Research Forum (PERF). Washington DC: American Petroleum Institute. 73 p.

Neff, J.M. (2002a). Bioacumulação em organismos marinhos. Effects of contaminants from oil well produced water. Amesterdão (NL): *Elsevier.* 452 p.

Neff, J.M. (2002b). Fates and effects of mercury from oil and gas exploration and production operations in the marine environment. *Relatório para o Instituto Americano do Petróleo, Washington, DC.* RksArngtonDCAmericanPetroleum Institute. 164p.

Neff, J.M., McKelvie, S. e Ayers, R.C. (2000). *Environmental Impacts of synthetic based drilling fluids (Impactos ambientais dos fluidos de perfuração de base sintética).* OCS StudyMMS2000-64.NewOrleans (LA): Departamento do Interior dos EUA, Serviço de Gestão de Minerais, Programa OCS do Golfo do México, p 1-118.

Neff, J.M. (1987b). The potential impacts of drilling fluids and other effluents from exploratory drilling on the living resources. In: R.H. Backus, Ed., *Georges Bank: Text andAtlas.* pp. 531-539. MIT Press, Cambridge, MA.

Nnubia, C. e Okpokwasili, G.C. (1993). The microbiology of drill mud cuttings from a new offshore oilfield in Nigeria. *EnvironmentalPollution,* 82:153-156.

Norman, M., Ross, S., McEwen, E e Getliff, F. (2002). Minimizar os Impactos Ambientais e Maximizar a Estabilidade do Furo - o Significado da Perfuração com Fluidos Sintéticos na Nova Zelândia, In: *Proc. Conferência de Petróleo da Nova Zelândia.* 12p.

Nwachukwu, N. C., Orji, F. A., Iheukwumere, I. e Ekeleme, U. G. (2010). Isolados ambientais resistentes a antibióticos de *Listeria monocytogenes* de lagos antropogénicos em Lokpa -Ukwu, Estado de Abia, Nigéria. *Jornal Australiano de Ciências Básicas e Aplicadas,* 4(7):1571-1576.

Nwachukwu, S.C.U. (2000b). A utilização de terrenos para avaliações de campo do impacto do petróleo bruto nos factores bióticos e abióticos no desenvolvimento de estratégias de biorremediação para terrenos agrícolas após poluição com petróleo bruto ou produtos petrolíferos. *Journal ofEnvironmental Biology,* 21(4):359-366.

Nweke, C.O. e Okpokwasili, G.C. (2003). Potencial de biodegradação de óleo de base de fluido de perfuração de uma espécie de *Staphylococcus* do solo. *Jornal Africano de Biotecnologia,* 2(9): 293-295.

Obire, O. e Akinde, S.B. (2004). Alteração do estrume de aves de capoeira de solos poluídos com petróleo para o desenvolvimento sustentável no Delta do Níger. *J. Nig. Environ.Soc.,* 2(2): 138-143.

Odokwuma, L.O. e Dickson, A.A. (2003). Bioremediação de um ambiente de mangal tropical poluído com petróleo bruto. *Jornal de Ciência Aplicada e Gestão Ambiental,* 7(2): 23-29.

Ogbo, E.M. e Okhuoya, J.A. (2009). Efeito da contaminação por petróleo bruto no rendimento e na composição química de *Pleurotus tuber-regium. Jornal Africano de Ciência Alimentar,* 3(ll):323-327.

Ogbo, M.E., Okhuoya, J.A. e Anaziah, O.C. (2006). Efeito de diferentes níveis de óleo lubrificante usado no crescimento de *Pleurotus tuber-regium. Nigeria Journal of Botany,* 19(2):266-270.

Okoh, A. (2006). Alternativa de biodegradação na limpeza de poluentes de hidrocarbonetos de petróleo. *Biotechnology and Molecular Biology Reviews,* 1:38-50.

Okolo, J.C., Amadi, E.N. e Odu, C.T.I. (2005). Efeitos dos tratamentos do solo com estrume de aves de capoeira na degradação do petróleo bruto num solo franco-arenoso. *Jornal de Ecologia Aplicada e Investigação Ambiental,* 3(1): 47-53.

Okparanma, R.N., Ayotamuno, J.M., Davies, D.D. e Allagoa, M. (2011). Micorremediação de hidrocarbonetos aromáticos policíclicos (PAH) - contaminados com petróleo - com base em perfurações. *Jornal Africano de Biotecnologia,* 10(26):5149-5156.

Okparanma, R.N., Ayotamuno, J.M. e Araka, P.P. (2009). Biorremediação de estacas de perfuração de campos petrolíferos contaminados com hidrocarbonetos com isolados bacterianos. *Jornal Africano de Ciência e Tecnologia Ambiental.* 3 (5):131-140.

Onwurah, .IN.E. (1996). Poluição por petróleo bruto em terra: otimização da utilização de bactérias indígenas do solo para bioremediação. In: E.O. Bajomo (Ed). *Actas da 20ª Conferência Internacional Anual e Exposição da Sociedade de Engenheiros de Petróleo* - Conselho da Nigéria, Warri, Nigéria. 25 - 27 de setembro, p. 65-74.

Paszezynski, A. e Crowford, R.L. (2000). Avanços recentes na utilização de fungos em remediação ambiental e biotecnologia. *Soil Biochemistry,* 10:379-422.

Reddy, C.A. (1995). O potencial dos fungos da podridão branca no tratamento de poluentes. *Opinião atual em Biotecnologia,* 6:320-328.

Reed, H.M. e Ekrol, N. (1998). Análise sensível e simulação de concentrações dispersas de petróleo no Mar do Norte com o modelo PROVANN. *Environmental Modeling & Software* 13: 423-429.

Sack, U.e Gunther, T. (1993). Metabolismo de PAH por fungos e correção com actividades enzimáticas extracelulares. *Journal ofBasic Microbiology,* 33:269-277.

Sandu, S.; Brasil, B. e Hallerman, E. (2011). Eficácia do tratamento de águas residuais à escala piloto num efluente de uma instalação comercial de recirculação de aquacultura. Em B. Sladonja, ed. *Aquaculture and the Environment: Um Destino Partilhado.* Intech. ISBN 978953-307-749-9, Rijeka, Croácia, pp. 141-158.

Sarker, N.C., Hossain, M.M., Sultana, N., Mian, I.H., Karim A.J.M.S., e Amin, S.M.R. (2007). Desempenho de diferentes substratos no crescimento e rendimento de *Pleurotus ostreatus* (Jacquin ex Fr.) Kummer. *Bangladesh Journal of Mushroom,* 1(2): 9-20.

Sasek, V. (2003). Porque é que a mico-remediação não foi posta em prática. In: *Problems and solution.* V. Sasek, J.A. Glaser e P. Baveye. (Ed.).Dordrecht. Países Baixos. Kluwer Academic publishers. 247- 266.

Shkidchenko, A.N., Kobzer, E.N. e Petrikenrich, S.B. (2004). Biodegradação de lamas negras oleosas por microflora do Golfo da Biscaia e biopreparações. *Journal of ProcessBiochemistry,?jy.* 1671-6.

Singh, H. (2006). *Micoremediação: Fungal Bioremediation.* Nova Jersey, EUA: John Wiley andSons. pp. 1-75.

Stamets, P. (2005). *Mycelium Running: How Mushroom Can Help Save the World [Como os cogumelos podem ajudar a salvar o mundo].* Berkeley, CA: Ten Speed, p. 574.

Stamets, P. (1999). Ajudar o ecossistema através do cultivo de cogumelos In: *Growing gourmet and medicinal mushroom.* Batellet, A. (edição). Ten speed press, Berkeley, Califórnia, p. 452.

Stanley, H.O. e Odu, N.N. (2012). Cultivo de cogumelo ostra *(Pleurotus tuber- regium)* em resíduos orgânicos seleccionados. *Revista Internacional de Investigação Biológica Avançada,* 2(3):446-448.

Thassitou, P.K. e Arvanitoyannis, I.S. (2001). Bioremediação: uma nova abordagem para a gestão de resíduos alimentares. *Trends in Food Science Technology,* 12:185-196.

Thouand, G., Bauda, P., Oudot, J., Kirsch, G., Sutton, C., e Vidalie, J.F. (1999). Avaliação Laboratorial da Biodegradação de Petróleo Bruto com Inóculos Microbianos Comerciais ou Naturais.

CanadaJournal ofMicrobiology, 45(2):106-115.

Trefry, J.H. e Smith, J.P. (2003). Formas de mercúrio na barita do fluido de perfuração e seu destino no ambiente marinho. *A review and synthesis.* SPE 80571. Conferência Ambiental de Exploração e Produção da SPE/EPA/DOE, San Antonio, TX. Richardson (TX): Society of Petroleum Engineers, p 1-10.

Umanu, G. e Nwachuwkwu, S.U. (2010). A utilização de efluentes de cozinha como fonte alternativa de nutrientes para a bioremediação de lamas de perfuração à base de petróleo. *Jornal de Ciência Aplicada e Gestão Ambiental,* 14(4):5-11.

Programa das Nações Unidas para o Ambiente (PNUA). (2011). *Avaliação ambiental da Ogonilândia.* P.1-262. ISBN:978-92-807-9

Agência de Proteção Ambiental dos Estados Unidos (USEPA). (1986a). *Quality criteria for Water (Critérios de qualidade da água).* United States Environmental Protection Agency Office of Water Regulations and Standards (Agência de Proteção do Ambiente dos Estados Unidos). Washington, p. 20460.

Vidali, M. (2001) Bioremediação: An overview. *Química Pura e Aplicada,* 73(7):1163-1173.

Wasser, S., Berreck, M. e Haselwandler, K. (2003). Contaminantes de radiocésio em cogumelos silvestres cultivados na Ucrânia. *International Journal of Medical Mushrooms,* 5:6186.

Organização Mundial de Saúde (OMS). (1996). *Limites admissíveis de metais pesados no solo e nas plantas.* Génova, Suíça.

Wills, J. (2000). Muddied waters: a survey of offshore oilfield drilling wastes and disposal techniques to reduce the ecological impact of sea dumping. *Sakhalin Environment Watch,* Sakhalin, Rússia, p. 114.

Zebulun, O.H., Isikhuemhen, O.S. e lyang, H. (2011). Descontaminação de solos poluídos com antraceno através da biodegradação induzida por fungos da podridão branca. *Environmentalist,* 31:11-19.

Zhanpeng, J., Hongwei, Y., Lixin, S. e Shaoqi, S. (2002). Avaliação integrada da biodegradabilidade aeróbia de substâncias orgânicas. *Chemosphere,* 48:133-138.

APÊNDICES

A: COMPOSIÇÕES DOS SUPORTES UTILIZADOS

Ágar Nutriente (NA)

Composição	g/L
Peptona	5.0
Extrato de carne de bovino	3.0
Cloreto de sódio	8.0
Ágar n.º 2	12.0

pH = 7,3±0,2

Ágar dextrose de batata (PDA)

Composição	g/L
Extrato de batata	4.0
Glicose	20.0
Ágar	15.0

pH = 5,6±0,2 @ 25 C^O

B: CRESCIMENTO MICELIAL MÉDIO SEMANAL DOS FUNGOS (CM) NOS SACOS DE SUBSTRATO

Tratamento	7 dias	14 dias	21
A	3.42	6.65	9.75
B	2.87	5.45	7.75
AB	4.36	6.90	13.28

C: RESULTADOS DO DIA 0

Parâmetros	Tratamento A	Tratamento B	Tratamento AB	Tratamento D (controlo)

pH	8.01	8.06	8.08	7.97
Condutividade (µS/cm)	14430	14540	14120	14490
Total Orgânico Carbono (%)	5.09	5.02	5.04	5.19
Azoto total (mg/kg)	742.77	741.78	740.57	741.62
Fósforo disponível (mg/kg)	642.38	635.38	640.75	638.14
Cloreto (mg/kg)	5847	5783	5980	5842
Zinco (mgZkg)	114.22	120.14	110.56	128.47
Cobre (mgZkg)	81.82	87.99	85.04	89.29
Bário(mgZkg)	215.01	220.42	218.78	237.98
Cádmio(mgZkg)	22.27	22.18	23.17	24.98
Chumbo(mgZkg)	22.27	22.18	22.17	21.98
TPH(mgZkg)	58585	58845	57122	65205
THBC(ufc/g)	2.46×10^4	3.52×10^4	$5,82 \times 10^4$	$2,89 \times 10^4$
THFC(ufc/g)	4.1×10^3	3.7×10^3	$2,5 \times 10^3$	4.25×10^4

D: RESULTADOS DO DIA 21

Parâmetros	Tratamento A	Tratamento B	Tratamento AB	Tratamento D (controlo)
pH	7.86	8.01	7.94	7.95
Condutividade (µS/cm)	11110	13880	10020	14420
Total Orgânico Carbono (%)	4.38	4.78	3.15	4.98
Azoto total (mg/kg)	715.54	738.51	709.89	747.02
Fósforo disponível	553.18	597.12	534.32	604.11

(mg/kg)				
Cloreto (mg/kg)	5195	5280	5110	5662
Zinco (mgZkg)	90.47	98.78	85.25	128.88
Cobre (mgZkg)	53.67	58.74	49.87	88.26
Bário(mgZkg)	170.28	170.47	131.55	236.92
Cádmio(mgZkg)	16.95	16.22	15.58	24.98
Chumbo(mgZkg)	17.95	18.22	16.58	21.02
TPH(mgZkg)	24561	29281	21768	64795
THBC(ufc/g)	2.21×10^5	$8,95 \times 10^4$	1.06×10^5	4.6×10^4
THFC(ufc/g)	$1,35 \times 10^4$	1.10×10^4	1.21×10^4	7.0×10^3

E: RESULTADOS DO DIA 42

Parâmetros	Tratamento A	Tratamento B	Tratamento AB	Tratamento D (controlo)
pH	6.98	6.71	6.83	7.89
Condutividade (µS/cm)	10528	12990	7310	13990
Total Orgânico Carbono (%)	3.99	4.34	2.71	4.83
Azoto total (mg/kg)	709.76	728.27	700.73	741.78
Fósforo disponível (mg/kg)	489.19	513.16	439.17	577.74
Cloreto (mg/kg)	4645	4780	4025	5610
Zinco (mgZkg)	69.11	74.28	55.59	125.19
Cobre (mgZkg)	32.55	36.97	27.56	83.96
Bário(mgZkg)	133.24	143.56	71.85	235.87
Cádmio(mgZkg)	11.99	14.73	9.11	24.69
Chumbo(mgZkg)	11.14	14.66	8.87	20.55

TPH(mgZkg)	11631	16092	5981	62202
THBC(ufc/g)	2.52×10^6	1.07×10^6	$2,81 \times 10^6$	9.08×10^4
THFC(ufc/g)	$4,85 \times 10^4$	$5,85 \times 10^4$	$6,65 \times 10^4$	9.1×10^3

F: RESULTADOS DO DIA 63

Parâmetros	Tratamento A	Tratamento B	Tratamento AB	Tratamento D (controlo)
pH	6.11	6.05	5.65	7.62
Condutividade (µS/cm)	9140	11250	6580	13660
Total Orgânico Carbono (%)	3.39	3.98	2.15	4.75
Azoto total (mg/kg)	702.55	719.24	696.36	739.76
Fósforo disponível (mg/kg)	402.71	435.84	386.47	569.41
Cloreto (mg/kg)	3945	4126	3200	5520
Zinco (mgZkg)	51.33	55.37	45.66	123.22
Cobre (mgZkg)	26.03	30.64	20.09	79.69
Bário(mgZkg)	96.59	121.98	53.92	233.89
Cádmio(mgZkg)	10.26	11.98	8.38	24.52
Chumbo(mgZkg)	9.16	13.01	4.41	19.97
TPH(mgZkg)	8055	10637	1098	61715
THBC(ufc/g)	$2,65 \times 10^7$	$2,59 \times 10^6$	$2,82 \times 10^6$	2.53×10^5
THFC(ufc/g)	1.07×10^5	1.0×10^5	$2,82 \times 10^6$	1.05×10^4

G: MEDIÇÕES DAS PLANTAS DURANTE O ENSAIO DE FITOTOXICIDADE

Semanas	Tratamentos	Altura da planta (cm)	Comprimento do rebento (cm)	Perímetro da haste (cm)	Comprimento da folha (cm)	Largura da folha (cm)
1	Solo tratado A	17.50	7.00	1.35	12.95	1.45
	Solo tratado B	22.35	5.70	1.30	14.45	1.30
	Solo tratado AB	20.20	6.15	1.45	12.45	1.50
	Solo não contaminado	28.40	6.45	1.31	15.40	1.25
	solo contaminado	7.85	4.55	0.95	9.55	1.11
2	Solo tratado A	38.80	10.20	1.55	28.10	1.35
	Solo tratado B	42.52	12.70	1.50	32.15	1.50
	Solo tratado AB	45.65	12.50	1.65	30.25	1.65
	Solo não contaminado	43.10	10.98	1.45	31.65	1.33
	solo contaminado	9.15	6.80	1.15	21.00	1.20
3	Solo tratado A	41.75	12.80	1.65	33.15	1.45
	Solo tratado B	47.83	13.08	1.58	36.98	1.72
	Solo tratado AB	55.35	15.20	1.69	34.80	1.68
	Solo não contaminado	47.82	12.75	1.71	36.03	1.41
	solo contaminado	20.30	7.22	1.21	22.73	1.25
4	Solo tratado A	45.25	14.60	1.72	38.20	1.55
	Solo tratado B	50.26	13.40	1.64	41.80	1.90
	Solo tratado AB	59.25	17.65	1.70	39.35	1.70
	Solo não contaminado	48.90	13.28	1.73	40.40	1.47
	solo contaminado	28.90	8.25	1.25	24.45	1.30

H: RESUMO DA ANÁLISE ESTATÍSTICA UTILIZANDO O SPSS 12.0

ONEWAY pH Condutividade TOC Azoto total Fosfato disponível Cloreto Zinco Cobre Barrio Cádmio Chumbo

TPH THBCTHFC POR Amostra

/DESCRITIVOS ESTATÍSTICOS

/ANÁLISE EM FALTA

/POSTHOC=LSD ALFA(0,05).

PARÂMETROS FÍSICO-QUÍMICOS

Descritivos

		N	Mean	Std. Deviation	Std. Error	95% Confidence Interval for Mean		Minimum	Maximum
						Lower Bound	Upper Bound		
pH	Sample A	4	7.2400	.87973	.43987	5.8401	8.6399	6.11	8.01
	Sample B	4	7.2075	.99299	.49649	5.6274	8.7876	6.05	8.06
	Sample (A+B)	4	7.1250	1.13121	.56560	5.3250	8.9250	5.65	8.08
	Control	4	7.8575	.16194	.08097	7.5998	8.1152	7.62	7.97
	Total	16	7.3575	.83900	.20975	6.9104	7.8046	5.65	8.08
Conductivity	Sample A	4	11302.0000	2243.10559	1121.55279	7732.7185	14871.2815	9140.00	14430.00
	Sample B	4	13165.0000	1425.91491	712.95746	10896.0512	15433.9488	11250.00	14540.00
	Sample (A+B)	4	9507.5000	3412.57845	1706.28922	4077.3262	14937.6738	6580.00	14120.00
	Control	4	14140.0000	388.93016	194.46508	13521.1253	14758.8747	13660.00	14490.00
	Total	16	12028.6250	2672.30704	668.07676	10604.6531	13452.5969	6580.00	14540.00
TOC	Sample A	4	4.2125	.71276	.35638	3.0783	5.3467	3.39	5.09
	Sample B	4	4.5300	.46231	.23116	3.7944	5.2656	3.98	5.02
	Sample (A+B)	4	3.2625	1.25367	.62684	1.2676	5.2574	2.15	5.04
	Control	4	4.9375	.19346	.09673	4.6297	5.2453	4.75	5.19
	Total	16	4.2356	.93452	.23363	3.7377	4.7336	2.15	5.19
Total Nitrogen	Sample A	4	717.6550	17.56634	8.78317	689.7030	745.6070	702.55	742.77
	Sample B	4	731.9500	10.24287	5.12143	715.6513	748.2487	719.24	741.78

		N	Mean	Std. Deviation	Std. Error	Lower Bound	Upper Bound	Minimum	Maximum
	Sample (A+B)	4	711.8875	19.93547	9.96773	680.1657	743.6093	696.36	740.57
	Control	4	742.5450	3.12104	1.56052	737.5787	747.5113	739.76	747.02
	Total	16	726.0094	17.83953	4.45988	716.5034	735.5154	696.36	747.02
Available Phosphorus	Sample A	4	521.8650	101.27531	50.63765	360.7134	683.0166	402.71	642.38
	Sample B	4	545.3750	89.09577	44.54788	403.6038	687.1462	435.84	635.38
	Sample (A+B)	4	500.1775	111.91909	55.95955	322.0893	678.2657	386.47	640.75
	Control	4	597.3500	30.95544	15.47772	548.0930	646.6070	569.41	638.14
	Total	16	541.1919	87.91828	21.97957	494.3435	588.0402	386.47	642.38
Chloride	Sample A	4	4908.0000	808.41986	404.20993	3621.6236	6194.3764	3945.00	5847.00
	Sample B	4	4992.2500	707.93709	353.96854	3865.7641	6118.7359	4126.00	5783.00
	Sample (A+B)	4	4578.7500	1218.37580	609.18790	2640.0422	6517.4578	3200.00	5980.00
	Control	4	5658.5000	135.66994	67.83497	5442.6188	5874.3812	5520.00	5842.00
	Total	16	5034.3750	833.95347	208.48837	4589.9926	5478.7574	3200.00	5980.00
Zinc	Sample A	4	81.2825	27.16990	13.58495	38.0491	124.5159	51.33	114.22
	Sample B	4	87.1425	28.27957	14.13978	42.1434	132.1416	55.37	120.14
	Sample (A+B)	4	74.2650	29.46749	14.73374	27.3756	121.1544	45.66	110.56
	Control	4	126.4400	2.70835	1.35417	122.1304	130.7496	123.22	128.88
	Total	16	92.2825	30.32706	7.58176	76.1224	108.4426	45.66	128.88
Copper	Sample A	4	48.5175	25.14129	12.57065	8.5121	88.5229	26.03	81.82
	Sample B	4	53.5850	25.90244	12.95122	12.3684	94.8016	30.64	87.99
	Sample (A+B)	4	45.6400	29.15443	14.57721	-.7512	92.0312	20.09	85.04
	Control	4	85.3000	4.39505	2.19753	78.3065	92.2935	79.69	89.29
	Total	16	58.2606	26.51508	6.62877	44.1317	72.3895	20.09	89.29

		N	Mean	Std. Deviation	Std. Error	Lower Bound	Upper Bound	Minimum	Maximum
Barium	Sample A	4	153.7800	50.70815	25.35408	73.0920	234.4680	96.59	215.01
	Sample B	4	164.1075	42.45980	21.22990	96.5445	231.6705	121.98	220.42
	Sample (A+B)	4	119.0250	74.32379	37.16190	.7593	237.2907	53.92	218.78
	Control	4	236.1650	1.74422	.87211	233.3896	238.9404	233.89	237.98
	Total	16	168.2694	62.58435	15.64609	134.9205	201.6182	53.92	237.98
Cadmium	Sample A	4	15.3675	5.40502	2.70251	6.7669	23.9681	10.26	22.27
	Sample B	4	16.2775	4.30914	2.15457	9.4207	23.1343	11.98	22.18
	Sample (A+B)	4	14.0600	6.88156	3.44078	3.1099	25.0101	8.38	23.17
	Control	4	24.7925	.22736	.11368	24.4307	25.1543	24.52	24.98
	Total	16	17.6244	6.16197	1.54049	14.3409	20.9079	8.38	24.98
Lead	Sample A	4	15.1300	6.06885	3.03443	5.4731	24.7869	9.16	22.27
	Sample B	4	17.0175	4.07084	2.03542	10.5399	23.4951	13.01	22.18
	Sample (A+B)	4	13.0075	7.91096	3.95548	.4194	25.5956	4.41	22.17
	Control	4	20.8800	.84982	.42491	19.5277	22.2323	19.97	21.98
	Total	16	16.5088	5.68173	1.42043	13.4812	19.5363	4.41	22.27
TPH	Sample A	4	25708.0000	23036.22565	11518.11282	-10947.7756	62363.7756	8055.00	58585.00
	Sample B	4	28713.7500	21558.38169	10779.19084	-5590.4461	63017.9461	10637.00	58845.00
	Sample (A+B)	4	21492.2500	25338.24141	12669.12070	-18826.5464	61811.0464	1098.00	57122.00
	Control	4	63479.2500	1775.13913	887.56956	60654.6075	66303.8925	61715.00	65205.00
	Total	16	34848.3125	25031.97949	6257.99487	21509.7122	48186.9128	1098.00	65205.00
THBC	Sample A	4	5.8875	1.31066	.65533	3.8020	7.9730	4.39	7.42
	Sample B	4	5.4850	.87809	.43904	4.0878	6.8822	4.55	6.41
	Sample (A+B)	4	5.6725	.90452	.45226	4.2332	7.1118	4.76	6.45

		N	Mean	Std. Deviation	Std. Error	Lower Bound	Upper Bound	Minimum	Maximum
	Control	4	4.8700	.40874	.20437	4.2196	5.5204	4.46	5.40
	Total	16	5.4788	.92098	.23025	4.9880	5.9695	4.39	7.42
THFC	Sample A	4	4.3650	.62533	.31266	3.3700	5.3600	3.61	5.03
	Sample B	4	4.3450	.65912	.32956	3.2962	5.3938	3.57	5.00
	Sample (A+B)	4	3.4175	2.37476	1.18738	-.3613	7.1963	.08	5.37
	Control	4	3.8650	.17176	.08588	3.5917	4.1383	3.63	4.02
	Total	16	3.9981	1.20892	.30223	3.3539	4.6423	.08	5.37

ANOVA

		Sum of Squares	df	Mean Square	F	Sig.
Ph	Between Groups	1.361	3	.454	.592	.632
	Within Groups	9.197	12	.766		
	Total	10.559	15			
Conductivity	Between Groups	5.053E7	3	1.684E7	3.572	.047
	Within Groups	5.659E7	12	4715428.583		
	Total	1.071E8	15			
TOC	Between Groups	6.107	3	2.036	3.493	.050
	Within Groups	6.993	12	.583		
	Total	13.100	15			
Total Nitrogen	Between Groups	2311.763	3	770.588	3.756	.041
	Within Groups	2461.969	12	205.164		
	Total	4773.732	15			
Available Phosphorus	Between Groups	20907.762	3	6969.254	.880	.479
	Within Groups	95036.598	12	7919.716		
	Total	115944.360	15			
Chloride	Between Groups	2459485.250	3	819828.417	1.234	.340
	Within Groups	7972690.500	12	664390.875		
	Total	1.043E7	15			
Zinc	Between Groups	6555.139	3	2185.046	3.621	.045
	Within Groups	7240.817	12	603.401		

	Total	13795.956	15			
Copper	Between Groups	4028.792	3	1342.931	2.473	.112
	Within Groups	6516.954	12	543.079		
	Total	10545.746	15			
Barium	Between Groups	29048.350	3	9682.783	3.912	.037
	Within Groups	29703.660	12	2475.305		
	Total	58752.010	15			
Cadmium	Between Groups	283.977	3	94.659	3.978	.035
	Within Groups	285.571	12	23.798		
	Total	569.549	15			
Lead	Between Groups	134.105	3	44.702	1.532	.257
	Within Groups	350.125	12	29.177		
	Total	484.230	15			
TPH	Between Groups	4.477E9	3	1.492E9	3.639	.045
	Within Groups	4.922E9	12	4.102E8		
	Total	9.399E9	15			
THBC	Between Groups	2.301	3	.767	.883	.477
	Within Groups	10.422	12	.869		
	Total	12.723	15			
THFC	Between Groups	2.439	3	.813	.501	.689
	Within Groups	19.483	12	1.624		
	Total	21.922	15			

Comparações múltiplas

LSD

Dependent Variable	(I) Sample	(J) Sample	Mean Difference (I-J)	Std. Error	Sig.	95% Confidence Interval	
						Lower Bound	Upper Bound
pH	Sample A	Sample B	.03250	.61905	.959	-1.3163	1.3813
		Sample (A+B)	.11500	.61905	.856	-1.2338	1.4638
		Control	-.61750	.61905	.338	-1.9663	.7313
	Sample B	Sample A	-.03250	.61905	.959	-1.3813	1.3163
		Sample (A+B)	.08250	.61905	.896	-1.2663	1.4313
		Control	-.65000	.61905	.314	-1.9988	.6988
	Sample (A+B)	Sample A	-.11500	.61905	.856	-1.4638	1.2338
		Sample B	-.08250	.61905	.896	-1.4313	1.2663
		Control	-.73250	.61905	.260	-2.0813	.6163
	Control	Sample A	.61750	.61905	.338	-.7313	1.9663
		Sample B	.65000	.61905	.314	-.6988	1.9988
		Sample (A+B)	.73250	.61905	.260	-.6163	2.0813
Conductivity	Sample A	Sample B	-1863.00000	1535.48503	.248	-5208.5345	1482.5345
		Sample (A+B)	1794.50000	1535.48503	.265	-1551.0345	5140.0345
		Control	-2838.00000	1535.48503	.089	-6183.5345	507.5345
	Sample B	Sample A	1863.00000	1535.48503	.248	-1482.5345	5208.5345
		Sample (A+B)	3657.50000[*]	1535.48503	.035	311.9655	7003.0345
		Control	-975.00000	1535.48503	.537	-4320.5345	2370.5345

	(I) Group	(J) Group	Mean Difference (I-J)	Std. Error	Sig.	Lower Bound	Upper Bound
	Sample (A+B)	Sample A	-1794.50000	1535.48503	.265	-5140.0345	1551.0345
		Sample B	-3657.50000[*]	1535.48503	.035	-7003.0345	-311.9655
		Control	-4632.50000[*]	1535.48503	.011	-7978.0345	-1286.9655
	Control	Sample A	2838.00000	1535.48503	.089	-507.5345	6183.5345
		Sample B	975.00000	1535.48503	.537	-2370.5345	4320.5345
		Sample (A+B)	4632.50000[*]	1535.48503	.011	1286.9655	7978.0345
TOC	Sample A	Sample B	-.31750	.53978	.567	-1.4936	.8586
		Sample (A+B)	.95000	.53978	.104	-.2261	2.1261
		Control	-.72500	.53978	.204	-1.9011	.4511
	Sample B	Sample A	.31750	.53978	.567	-.8586	1.4936
		Sample (A+B)	1.26750[*]	.53978	.037	.0914	2.4436
		Control	-.40750	.53978	.465	-1.5836	.7686
	Sample (A+B)	Sample A	-.95000	.53978	.104	-2.1261	.2261
		Sample B	-1.26750[*]	.53978	.037	-2.4436	-.0914
		Control	-1.67500[*]	.53978	.009	-2.8511	-.4989
	Control	Sample A	.72500	.53978	.204	-.4511	1.9011
		Sample B	.40750	.53978	.465	-.7686	1.5836
		Sample (A+B)	1.67500[*]	.53978	.009	.4989	2.8511
Total Nitrogen	Sample A	Sample B	-14.29500	10.12828	.184	-36.3626	7.7726
		Sample (A+B)	5.76750	10.12828	.580	-16.3001	27.8351
		Control	-24.89000[*]	10.12828	.030	-46.9576	-2.8224
	Sample B	Sample A	14.29500	10.12828	.184	-7.7726	36.3626
		Sample (A+B)	20.06250	10.12828	.071	-2.0051	42.1301

			Mean Difference (I-J)	Std. Error	Sig.	Lower Bound	Upper Bound
		Control	-10.59500	10.12828	.316	-32.6626	11.4726
	Sample (A+B)	Sample A	-5.76750	10.12828	.580	-27.8351	16.3001
		Sample B	-20.06250	10.12828	.071	-42.1301	2.0051
		Control	-30.65750*	10.12828	.011	-52.7251	-8.5899
	Control	Sample A	24.89000*	10.12828	.030	2.8224	46.9576
		Sample B	10.59500	10.12828	.316	-11.4726	32.6626
		Sample (A+B)	30.65750*	10.12828	.011	8.5899	52.7251
Available Phosphorus	Sample A	Sample B	-23.51000	62.92740	.715	-160.6170	113.5970
		Sample (A+B)	21.68750	62.92740	.736	-115.4195	158.7945
		Control	-75.48500	62.92740	.253	-212.5920	61.6220
	Sample B	Sample A	23.51000	62.92740	.715	-113.5970	160.6170
		Sample (A+B)	45.19750	62.92740	.486	-91.9095	182.3045
		Control	-51.97500	62.92740	.425	-189.0820	85.1320
	Sample (A+B)	Sample A	-21.68750	62.92740	.736	-158.7945	115.4195
		Sample B	-45.19750	62.92740	.486	-182.3045	91.9095
		Control	-97.17250	62.92740	.148	-234.2795	39.9345
	Control	Sample A	75.48500	62.92740	.253	-61.6220	212.5920
		Sample B	51.97500	62.92740	.425	-85.1320	189.0820
		Sample (A+B)	97.17250	62.92740	.148	-39.9345	234.2795
Chloride	Sample A	Sample B	-84.25000	576.36398	.886	-1340.0392	1171.5392
		Sample (A+B)	329.25000	576.36398	.578	-926.5392	1585.0392
		Control	-750.50000	576.36398	.217	-2006.2892	505.2892
	Sample B	Sample A	84.25000	576.36398	.886	-1171.5392	1340.0392

						Lower Bound	Upper Bound
		Sample (A+B)	413.50000	576.36398	.487	-842.2892	1669.2892
		Control	-666.25000	576.36398	.270	-1922.0392	589.5392
	Sample (A+B)	Sample A	-329.25000	576.36398	.578	-1585.0392	926.5392
		Sample B	-413.50000	576.36398	.487	-1669.2892	842.2892
		Control	-1079.75000	576.36398	.086	-2335.5392	176.0392
	Control	Sample A	750.50000	576.36398	.217	-505.2892	2006.2892
		Sample B	666.25000	576.36398	.270	-589.5392	1922.0392
		Sample (A+B)	1079.75000	576.36398	.086	-176.0392	2335.5392
Zinc	Sample A	Sample B	-5.86000	17.36953	.742	-43.7050	31.9850
		Sample (A+B)	7.01750	17.36953	.693	-30.8275	44.8625
		Control	-45.15750[*]	17.36953	.023	-83.0025	-7.3125
	Sample B	Sample A	5.86000	17.36953	.742	-31.9850	43.7050
		Sample (A+B)	12.87750	17.36953	.473	-24.9675	50.7225
		Control	-39.29750[*]	17.36953	.043	-77.1425	-1.4525
	Sample (A+B)	Sample A	-7.01750	17.36953	.693	-44.8625	30.8275
		Sample B	-12.87750	17.36953	.473	-50.7225	24.9675
		Control	-52.17500[*]	17.36953	.011	-90.0200	-14.3300
	Control	Sample A	45.15750[*]	17.36953	.023	7.3125	83.0025
		Sample B	39.29750[*]	17.36953	.043	1.4525	77.1425
		Sample (A+B)	52.17500[*]	17.36953	.011	14.3300	90.0200
Copper	Sample A	Sample B	-5.06750	16.47846	.764	-40.9710	30.8360
		Sample (A+B)	2.87750	16.47846	.864	-33.0260	38.7810
		Control	-36.78250[*]	16.47846	.045	-72.6860	-.8790

			Mean Difference	Std. Error	Sig.	Lower Bound	Upper Bound
	Sample B	Sample A	5.06750	16.47846	.764	-30.8360	40.9710
		Sample (A+B)	7.94500	16.47846	.638	-27.9585	43.8485
		Control	-31.71500	16.47846	.078	-67.6185	4.1885
	Sample (A+B)	Sample A	-2.87750	16.47846	.864	-38.7810	33.0260
		Sample B	-7.94500	16.47846	.638	-43.8485	27.9585
		Control	-39.66000*	16.47846	.033	-75.5635	-3.7565
	Control	Sample A	36.78250*	16.47846	.045	.8790	72.6860
		Sample B	31.71500	16.47846	.078	-4.1885	67.6185
		Sample (A+B)	39.66000*	16.47846	.033	3.7565	75.5635
Barium	Sample A	Sample B	-10.32750	35.18029	.774	-86.9788	66.3238
		Sample (A+B)	34.75500	35.18029	.343	-41.8963	111.4063
		Control	-82.38500*	35.18029	.037	-159.0363	-5.7337
	Sample B	Sample A	10.32750	35.18029	.774	-66.3238	86.9788
		Sample (A+B)	45.08250	35.18029	.224	-31.5688	121.7338
		Control	-72.05750	35.18029	.063	-148.7088	4.5938
	Sample (A+B)	Sample A	-34.75500	35.18029	.343	-111.4063	41.8963
		Sample B	-45.08250	35.18029	.224	-121.7338	31.5688
		Control	-117.14000*	35.18029	.006	-193.7913	-40.4887
	Control	Sample A	82.38500*	35.18029	.037	5.7337	159.0363
		Sample B	72.05750	35.18029	.063	-4.5938	148.7088
		Sample (A+B)	117.14000*	35.18029	.006	40.4887	193.7913
Cadmium	Sample A	Sample B	-.91000	3.44947	.796	-8.4257	6.6057
		Sample (A+B)	1.30750	3.44947	.711	-6.2082	8.8232

			Mean Difference (I-J)	Std. Error	Sig.	Lower Bound	Upper Bound
		Control	-9.42500[*]	3.44947	.018	-16.9407	-1.9093
	Sample B	Sample A	.91000	3.44947	.796	-6.6057	8.4257
		Sample (A+B)	2.21750	3.44947	.532	-5.2982	9.7332
		Control	-8.51500[*]	3.44947	.030	-16.0307	-.9993
	Sample (A+B)	Sample A	-1.30750	3.44947	.711	-8.8232	6.2082
		Sample B	-2.21750	3.44947	.532	-9.7332	5.2982
		Control	-10.73250[*]	3.44947	.009	-18.2482	-3.2168
	Control	Sample A	9.42500[*]	3.44947	.018	1.9093	16.9407
		Sample B	8.51500[*]	3.44947	.030	.9993	16.0307
		Sample (A+B)	10.73250[*]	3.44947	.009	3.2168	18.2482
Lead	Sample A	Sample B	-1.88750	3.81949	.630	-10.2095	6.4345
		Sample (A+B)	2.12250	3.81949	.589	-6.1995	10.4445
		Control	-5.75000	3.81949	.158	-14.0720	2.5720
	Sample B	Sample A	1.88750	3.81949	.630	-6.4345	10.2095
		Sample (A+B)	4.01000	3.81949	.314	-4.3120	12.3320
		Control	-3.86250	3.81949	.332	-12.1845	4.4595
	Sample (A+B)	Sample A	-2.12250	3.81949	.589	-10.4445	6.1995
		Sample B	-4.01000	3.81949	.314	-12.3320	4.3120
		Control	-7.87250	3.81949	.062	-16.1945	.4495
	Control	Sample A	5.75000	3.81949	.158	-2.5720	14.0720
		Sample B	3.86250	3.81949	.332	-4.4595	12.1845
		Sample (A+B)	7.87250	3.81949	.062	-.4495	16.1945
TPH	Sample A	Sample B	-3005.75000	14320.47969	.837	-34207.3949	28195.8949

			Mean Difference (I-J)	Std. Error	Sig.	Lower Bound	Upper Bound
		Sample (A+B)	4215.75000	14320.47969	.773	-26985.8949	35417.3949
		Control	-3.77712E4[*]	14320.47969	.022	-68972.8949	-6569.6051
	Sample B	Sample A	3005.75000	14320.47969	.837	-28195.8949	34207.3949
		Sample (A+B)	7221.50000	14320.47969	.623	-23980.1449	38423.1449
		Control	-3.47655E4[*]	14320.47969	.032	-65967.1449	-3563.8551
	Sample (A+B)	Sample A	-4215.75000	14320.47969	.773	-35417.3949	26985.8949
		Sample B	-7221.50000	14320.47969	.623	-38423.1449	23980.1449
		Control	-4.19870E4[*]	14320.47969	.013	-73188.6449	-10785.3551
	Control	Sample A	37771.25000[*]	14320.47969	.022	6569.6051	68972.8949
		Sample B	34765.50000[*]	14320.47969	.032	3563.8551	65967.1449
		Sample (A+B)	41987.00000[*]	14320.47969	.013	10785.3551	73188.6449
THBC	Sample A	Sample B	.40250	.65898	.553	-1.0333	1.8383
		Sample (A+B)	.21500	.65898	.750	-1.2208	1.6508
		Control	1.01750	.65898	.149	-.4183	2.4533
	Sample B	Sample A	-.40250	.65898	.553	-1.8383	1.0333
		Sample (A+B)	-.18750	.65898	.781	-1.6233	1.2483
		Control	.61500	.65898	.369	-.8208	2.0508
	Sample (A+B)	Sample A	-.21500	.65898	.750	-1.6508	1.2208
		Sample B	.18750	.65898	.781	-1.2483	1.6233
		Control	.80250	.65898	.247	-.6333	2.2383
	Control	Sample A	-1.01750	.65898	.149	-2.4533	.4183
		Sample B	-.61500	.65898	.369	-2.0508	.8208
		Sample (A+B)	-.80250	.65898	.247	-2.2383	.6333

THFC	Sample A	Sample B	.02000	.90100	.983	-1.9431	1.9831
		Sample (A+B)	.94750	.90100	.314	-1.0156	2.9106
		Control	.50000	.90100	.589	-1.4631	2.4631
	Sample B	Sample A	-.02000	.90100	.983	-1.9831	1.9431
		Sample (A+B)	.92750	.90100	.324	-1.0356	2.8906
		Control	.48000	.90100	.604	-1.4831	2.4431
	Sample (A+B)	Sample A	-.94750	.90100	.314	-2.9106	1.0156
		Sample B	-.92750	.90100	.324	-2.8906	1.0356
		Control	-.44750	.90100	.628	-2.4106	1.5156
	Control	Sample A	-.50000	.90100	.589	-2.4631	1.4631
		Sample B	-.48000	.90100	.604	-2.4431	1.4831
		Sample (A+B)	.44750	.90100	.628	-1.5156	2.4106

*. A diferença média é significativa ao nível de 0,05.

I: CROMATOGRAMAS GASOSOS DAS FRACÇÕES DE TPH DEGRADADAS EM TODOS OS TRATAMENTOS DURANTE O PROCESSO DE BIODEGRADAÇÃO

DIA 0 AMOSTRA A+ LAMA

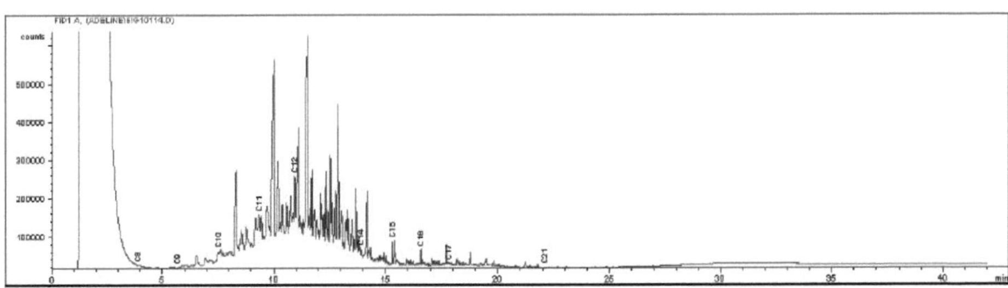

DIA 21 AMOSTRA A+MUDA

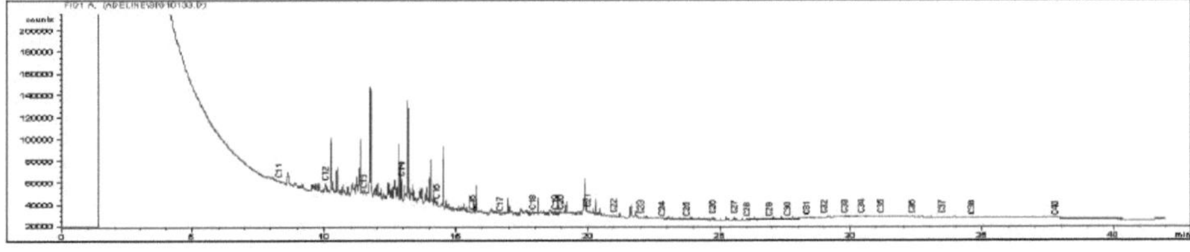

DIA 42 SAMPLEA+MUD

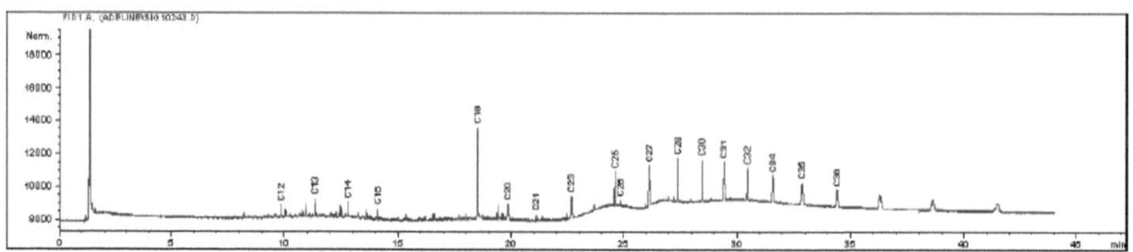

DIA63 AMOSTRA A+MUD

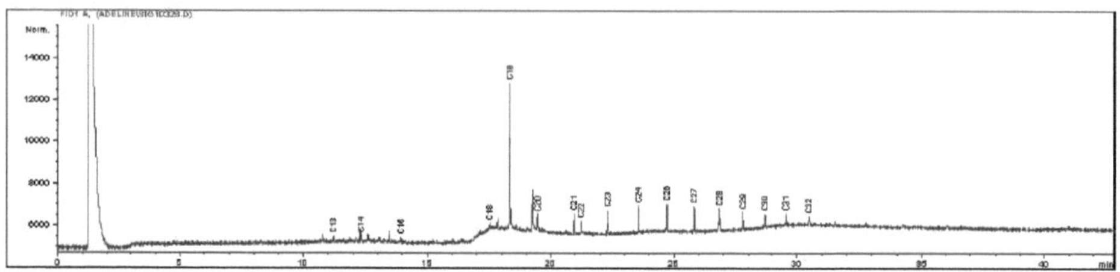

DIA 0 AMOSTRA B + LAMA

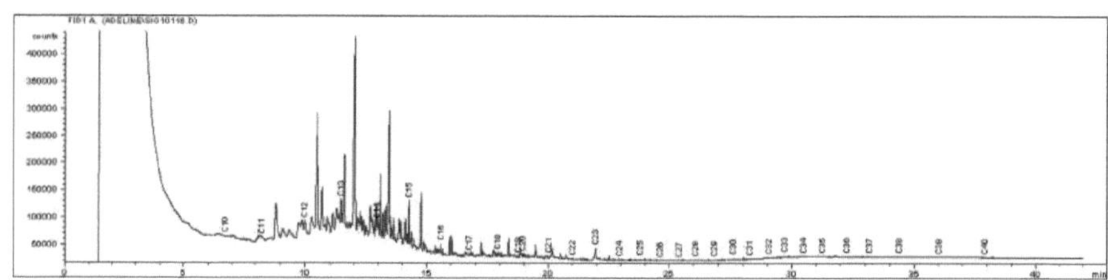

DIA 21 AMOSTRA B + LAMA

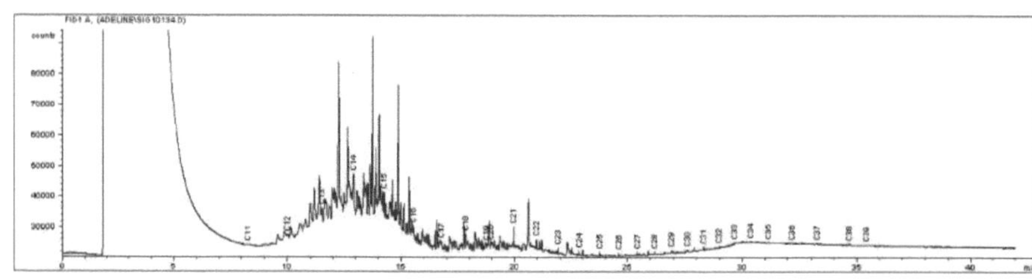

DIA 42 AMOSTRA B+LAMA

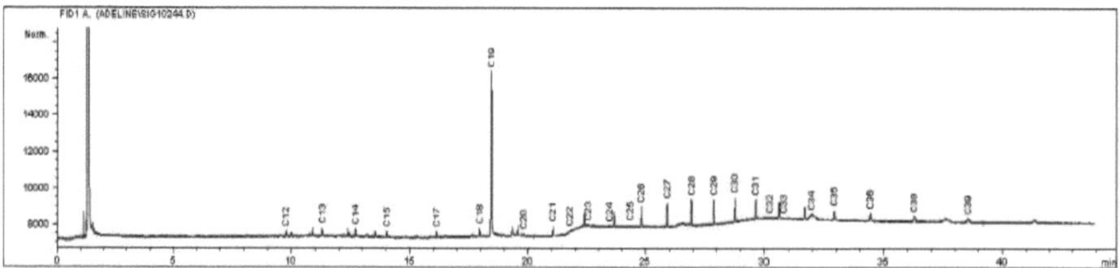

DIA 63 AMOSTRA B+MUD

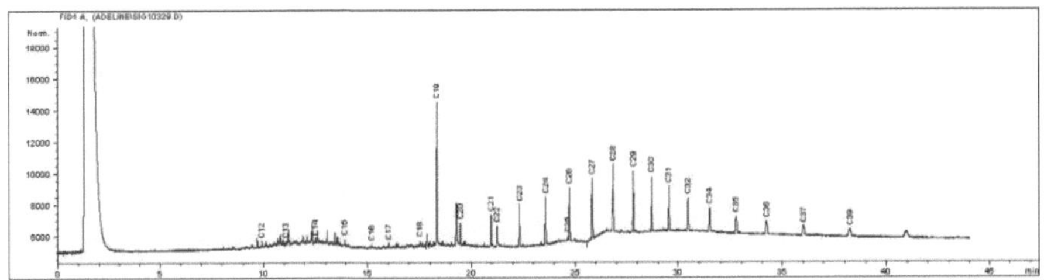

DIA 0 AMOSTRA AB + LAMA

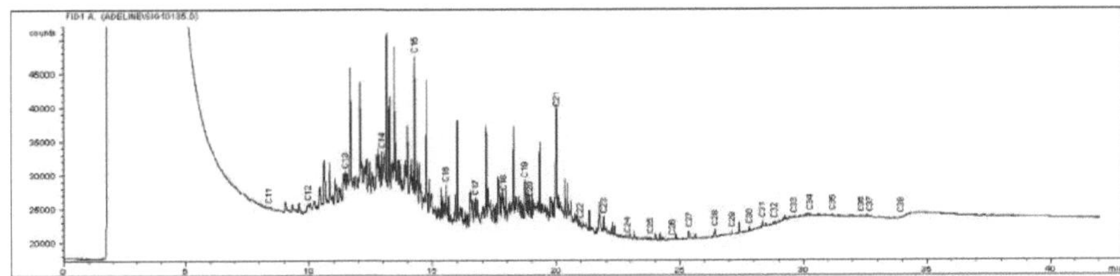

DIA 21 AMOSTRA AB + LAMA

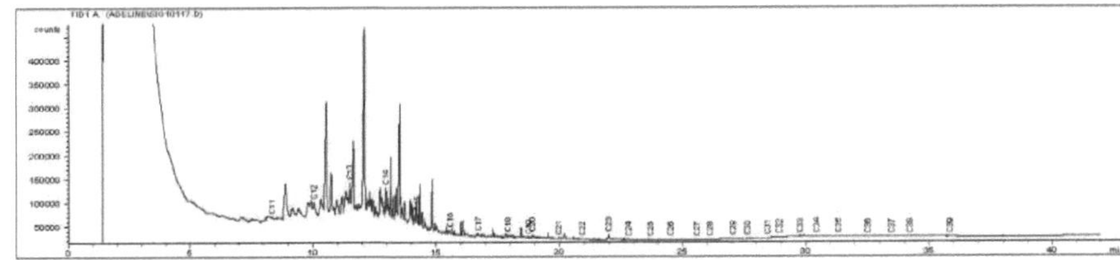

DIA 42 AMOSTRA AB+MUD

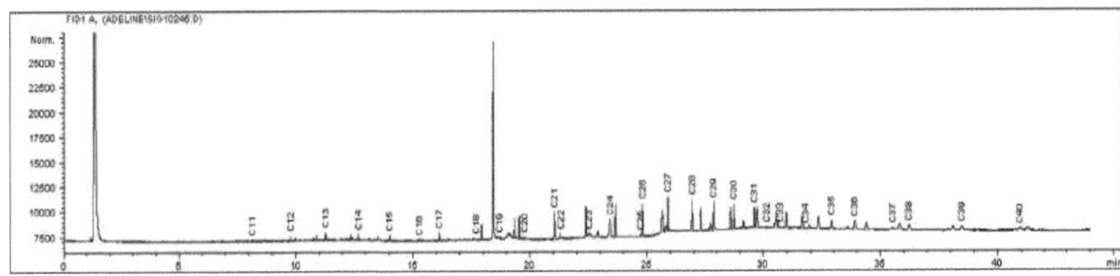

DIA 63 AMOSTRA AB+MUD

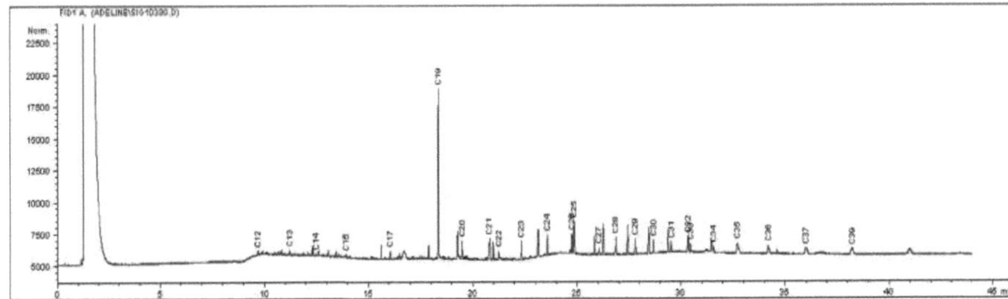

DIA 0 CONTROLO

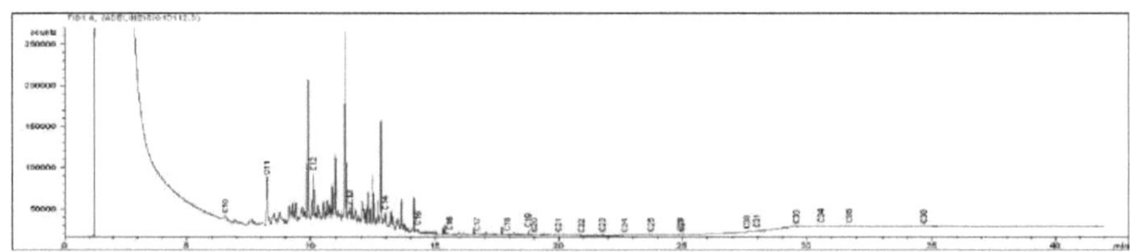

DIA 21 CONTROLO

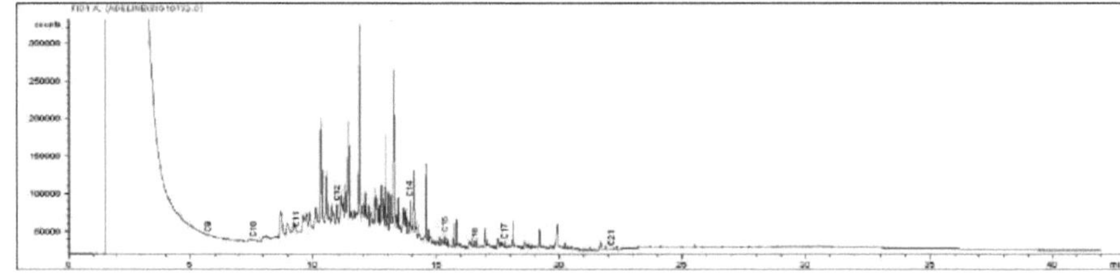

DIA 42 CONTROLO

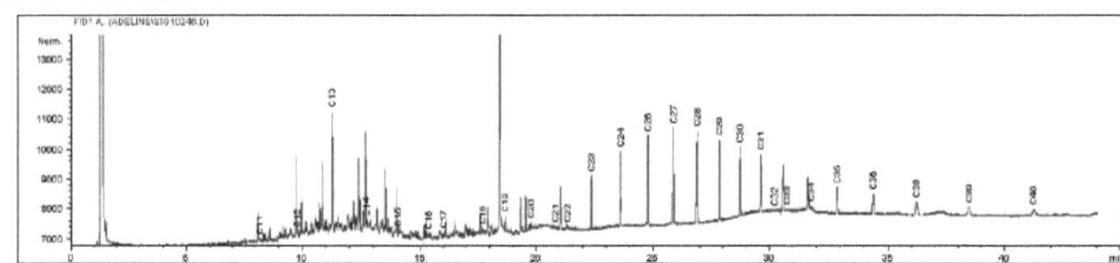

DIA 63 CONTROLO

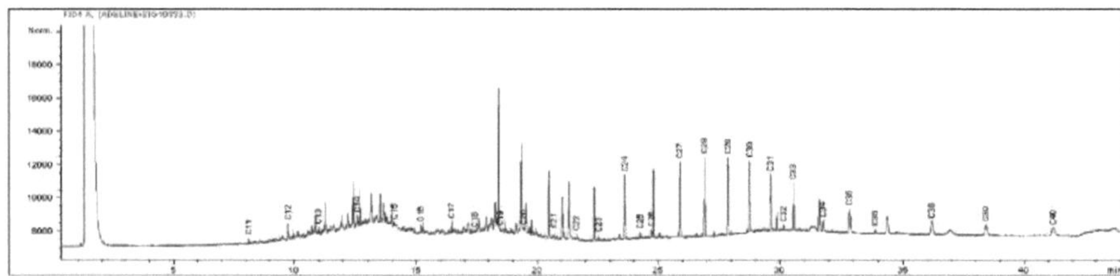

Placa 1: fluido de perfuração à base de óleo usado

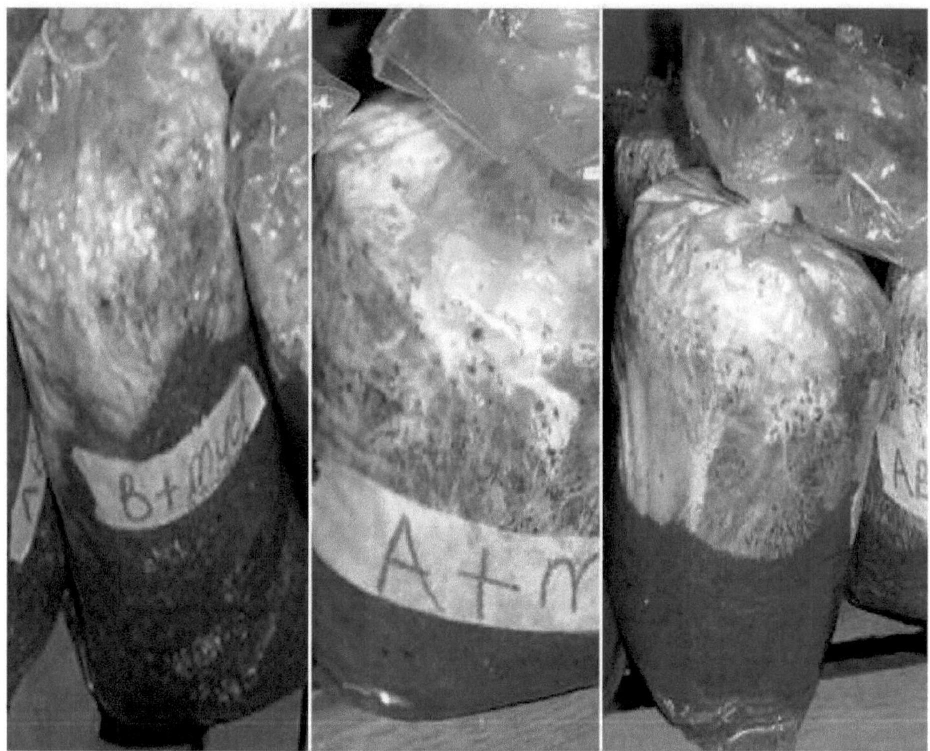

Placa 3: Colonização do substrato dos sacos após uma semana

Placa 4: Colonização do substrato dos sacos após um mês

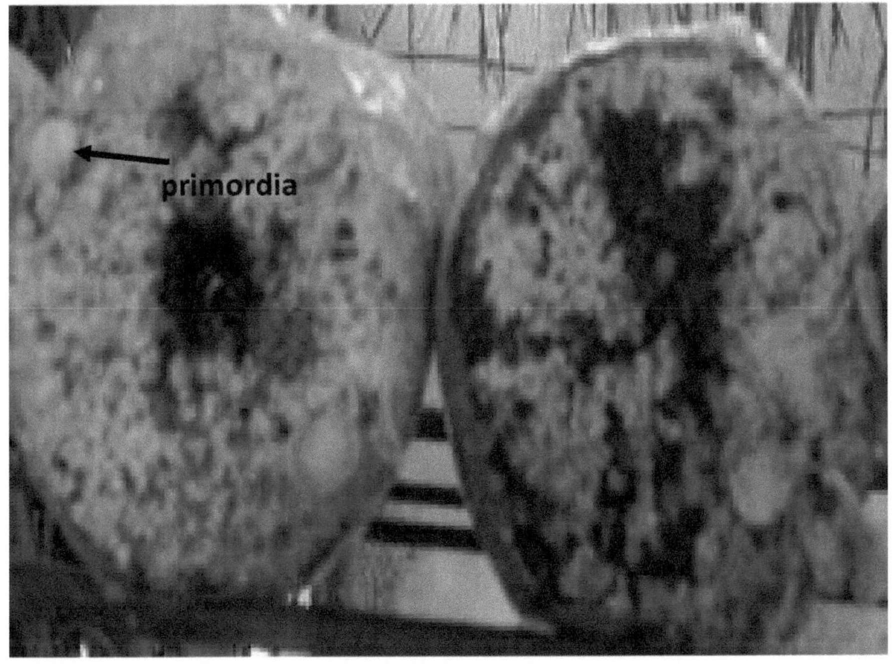

Placa 5: Aspeto dos primórdios

Prato 6: Cogumelos maduros

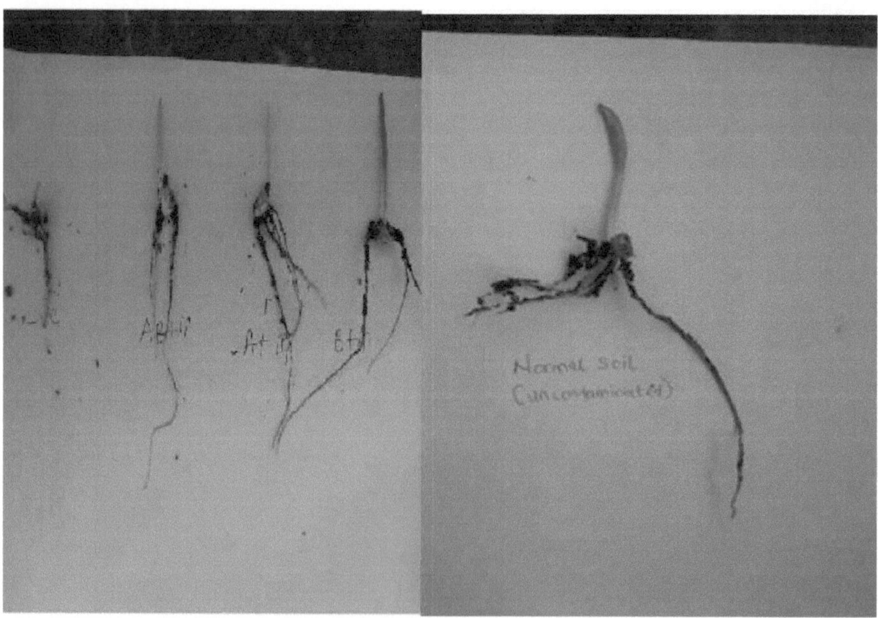

Placa 7: Rebentos *de Zea mays var. indentata* dos diferentes tratamentos após três dias.

Placa 8: Germinação de sementes após três dias

Placa 9: Crescimento *de Zea mays var. indentata* após 7 dias

Buy your books fast and straightforward online - at one of world's fastest growing online book stores! Environmentally sound due to Print-on-Demand technologies.

Buy your books online at
www.morebooks.shop

Compre os seus livros mais rápido e diretamente na internet, em uma das livrarias on-line com o maior crescimento no mundo! Produção que protege o meio ambiente através das tecnologias de impressão sob demanda.

Compre os seus livros on-line em
www.morebooks.shop

Printed by Books on Demand GmbH, Norderstedt / Germany